Fachwissen Logistik

Reihe herausgegeben von
K. Furmans
Karlsruhe, Deutschland

C. Kilger
Saarbrücken, Deutschland

H. Tempelmeier
Köln, Deutschland

M. ten Hompel
Dortmund, Deutschland

T. Schmidt
Dresden, Deutschland

Horst Tempelmeier
Hrsg.

Planung logistischer Systeme

Springer Vieweg

Hrsg.
Horst Tempelmeier
Seminar für Supply Chain Management
und Produktion
Universität zu Köln
Köln
Deutschland

Fachwissen Logistik
ISBN 978-3-662-57781-3   ISBN 978-3-662-57782-0 (eBook)
https://doi.org/10.1007/978-3-662-57782-0

Springer Vieweg

Springer Vieweg ist ein Imprint der eingetragenen Gesellschaft Springer-Verlag GmbH, DE und ist ein Teil von Springer Nature.
Die Anschrift der Gesellschaft ist: Heidelberger Platz 3, 14197 Berlin, Germany

Inhaltsverzeichnis

Betriebliche Standortplanung

Wolfgang Domschke, Andreas Drexl, Gabriela Mayer
und Giorgi Tadumadze

1.1 Grundlagen der betrieblichen Standortplanung

Die Ansätze zur Standortplanung lassen sich in drei Gruppen einteilen, nämlich in solche, in denen überwiegend volkswirtschaftliche, betriebliche oder innerbetriebliche *Standortplanungsprobleme* betrachtet werden. Für die innerbetriebliche Standortplanung wird auch der Begriff „Layoutplanung" verwendet.

Schriften zur *betrieblichen Standortplanung* behandeln Fragen der Standortwahl für einzelne Betriebe, Zentral-, Beschaffungs- oder Auslieferungslager, Umladestationen für Güter, Verkaufsstätten usw. Auch die Standortwahl für öffentliche Einrichtungen wie Schulen, Krankenhäuser und Feuerwehrstationen zählt dazu.

Eine der ersten Arbeiten zur betrieblichen Standortplanung stammt von Launhardt 1882 [Lau82]. Er behandelte insbesondere den modelltheoretischen Fall der *Standortbestimmung im Dreieck*, indem er den transportkostenminimalen Standort zwischen zwei Rohstoffvorkommen und einem Absatzort untersuchte. Sein quantitativer Ansatz wurde in dem klassischen Werk „Über den Standort der Industrien" von Weber 1909 verallgemeinert [Web09].

W. Domschke (✉) · G. Mayer · G. Tadumadze
Technische Universität Darmstadt, Hochschulstraße 1, 64289 Darmstadt, Deutschland
e-mail: wdomschke@t-online.de; gabriela.mayer@web.de; Tadumadze@bwl.tu-darmstadt.de

A. Drexl
Christian-Albrechts-Universität Kiel, Olshausenstraße 40, Kiel, Deutschland
e-mail: drexl@bwl.uni-kiel.de

© Springer-Verlag GmbH Deutschland, ein Teil von Springer Nature 2018
H. Tempelmeier (Hrsg.), *Planung logistischer Systeme*, Fachwissen Logistik,
https://doi.org/10.1007/978-3-662-57782-0_1

1.1.1 Bedeutung, Anlässe und Interdependenzen der Standortplanung

Die *Konkurrenzfähigkeit* eines Unternehmens hängt ganz entscheidend von einer Reihe von Einflüssen ab, die in unmittelbarem Zusammenhang mit den Standorten seiner Betriebe stehen. So zeichnen sich manche Standorte gegenüber anderen durch günstige *Beschaffungs-* und/oder *Produktions-* und/oder *Absatzbedingungen* aus. Ein in diesem Sinne günstiger Standort sichert unter sonst gleichen Bedingungen eine „Bequemlichkeitsrente", die wirtschaftlichen Erfolg erleichtert. Im Gegensatz dazu verlangen die Nachteile eines ungünstigen Standortes besondere Anstrengungen zur Kompensation standortbedingter Wettbewerbsvorteile der Konkurrenz.

Aus der Bedeutung des Standortes eines Unternehmens für dessen Überlebensfähigkeit und aus der geringen kurzfristigen Flexibilität hinsichtlich Möglichkeiten zur Veränderung der Standorte folgt zwangsläufig die Notwendigkeit einer in die Zukunft gerichteten Standortplanung und damit einer Einbeziehung von Standortüberlegungen in die *strategische Unternehmensplanung*. Ziel einer derartigen Planung muss es sein, durch Errichtung von Betriebsstätten eine *Standortstruktur* so zu entwickeln, dass betriebsinterne (produktionsbedingte) und externe (marktbedingte) Anforderungen langfristig zur Sicherung des wirtschaftlichen Erfolgs des Unternehmens miteinander im Einklang stehen.

Wichtige *Anlässe für Standortentscheidungen* können sein:

- *Kapazitätsbedarf*: Bestehen Erweiterungsmöglichkeiten innerhalb des Betriebsstandortes, so ist eine Layoutplanung, sonst auch eine betriebliche Standortplanung, erforderlich. In der Praxis werden Kapazitätserweiterungen häufiger durch Erwerb von Betriebsstätten als durch Neuerrichtungen erzielt.
- *Kapazitätsüberschüsse*: In der betrieblichen Praxis werden Betriebe eher kapazitätsmäßig verkleinert als ganze Betriebe und Betriebsteile stillgelegt (Umorganisation im innerbetrieblichen Bereich).
- *Unternehmensinterne oder -externe Standortunzulänglichkeiten*: Interne Unzulänglichkeiten können z. B. nach Änderung des Produktionsprogramms vorliegen; daher ist simultan zur Änderung des Produktionsprogramms z. B. eine neue Layoutplanung zu erwägen. Externe Unzulänglichkeiten können u. a. durch Gefährdung der Versorgungssicherheit (Rohstoffe, Energie) oder Auflagen seitens der Behörden entstehen, aber z. B. auch von Absatzmärkten (Handelshemmnisse) ausgehen.

1.1.2 Deskriptive und normative Ansätze zur betrieblichen Standortplanung

Aufgabe der *deskriptiven Standorttheorie* ist es u. a., ein begriffliches Instrumentarium zur allgemeingültigen Beschreibung der Prämissen und Abläufe von Standortentscheidungsprozessen zu entwickeln. Gegenstand der *normativen oder präskriptiven Standorttheorien* ist die Entwicklung intersubjektiv nachprüfbarer Kriterien (Modelle, Lösungsverfahren), mit deren Hilfe in einer konkreten Planungssituation eine Standortentscheidung getroffen werden kann.

- *Deskriptive Ansätze.* Jede Unternehmung stellt einerseits an einen potenziellen Standort gewisse Anforderungen und findet andererseits gewisse Bedingungen vor. Aufgabe der Standortplanung ist es, aus einer Menge potenzieller Standorte einen bzw. mehrere so auszuwählen, dass eine weitestgehende Übereinstimmung zwischen Standortanforderungen und Standortbedingungen mit dem Ziel der Maximierung des wirtschaftlichen Erfolgs gewährleistet wird. In der Literatur existieren zahlreiche Arbeiten, deren Gegenstand die Entwicklung einer allgemeinen Systematik von Standortfaktoren ist (z. B. [Dom96, Kap. 1]).
- *Normative Ansätze.* Die Entwicklung normativer Ansätze begann mit den Arbeiten von Launhardt 1882 [Lau82] und Weber 1909 [Web09]. Sie beschäftigten sich mit der Standortbestimmung für Industriebetriebe. Von besonderer Bedeutung sind dabei die Standortfaktoren Transport-, Arbeits- und Materialkosten. Weber modifizierte gedanklich die regional unterschiedlichen Materialkosten zu unterschiedlichen Transportkosten. Er bestimmte transportkostenminimale Standorte und Isokostenlinien, wobei jede Isokostenlinie (bei Weber als „Isodapane" bezeichnet) Standorte mit denselben (nicht-minimalen) Transportkosten enthielt. Die Isokostenlinien waren (und sind) erforderlich für die Suche des gesamtkostenminimalen Standortes unter Einbeziehung der Transportkosten (sowie der Materialkosten) und der Arbeitskosten.

Die von Launhardt und von Weber betrachteten Modelle sind Spezialfälle (Standortbestimmung im Dreieck, im Viereck usw.) der in Abschn. 1.4 behandelten Modelle zur *Standortbestimmung in der Ebene*. Ausgegangen wird bei diesen Modellen von n Kunden und/oder Lieferanten auf einer homogenen Fläche. Jeder Punkt der Fläche ist potenzieller Standort für einen oder mehrere Betriebe (für ein oder mehrere Lager). Bei Lösung der Modelle werden *transportkostenminimale Standorte* (evtl. auch Isokostenlinien um diese Standorte) ermittelt. Dabei wird unterstellt, dass die Transportkosten jeweils proportional zur zurückzulegenden (Luftlinien- oder rechtwinkligen) Entfernung und zur zu transportierenden Menge sind.

Weniger restriktiv als die Modelle der Standortbestimmung in der Ebene sind die Modelle der *Standortbestimmung in Netzen*, die in Abschn. 1.2 behandelt werden. Erste Arbeiten hierzu stammen von Baumol und Wolfe [Bau58] sowie von Kuehn und Hamburger [Kue63].

Zur Gruppe der normativen Ansätze für die betriebliche Standortplanung werden auch die Modelle zur Bestimmung von *Zentren in Netzen* gezählt (s. Abschn. 1.3). Eine zentrale Lage wünscht man sich z. B. bei der Standortbestimmung für öffentliche Einrichtungen wie Schulen und Hallenbäder. Zielsetzung der Modelle ist es, die auftretende längste zurückzulegende Entfernung, gemessen im Netzwerk, zu minimieren. Weitere Standortfaktoren werden hier bei den überwiegend behandelten Modellen nicht berücksichtigt. Erste Arbeiten stammen von Hakimi [Hak64; Hak65].

Wie man erkennt, berücksichtigen die hier behandelten Modelle zur betrieblichen Standortplanung längst nicht alle denkbaren Standortfaktoren. Für diese Vorgehensweise gibt es 2 Gründe:

- In vielen Fällen stellen diese einfachen Modelle durchaus gute Abbildungen der Realität dar. Manche zunächst nicht enthaltenen Aspekte lassen sich durch Berücksichtigung von Faktoren mit einbeziehen (vgl. die Erfassung von unterschiedlichen Materialkosten durch unterschiedliche Transportkosten in [Web09]). Die für die Modelle erhaltenen Lösungen stellen dann gute Näherungen für die realen Optima dar.
- Umfangreichere Modelle, die explizit eine größere Zahl an Standortfaktoren enthalten, sind entwickelt worden, s. [Dom96; Dre02].

Sämtliche vorstehend skizzierten und in den Abschn. 1.2 bis 1.4 näher behandelten Modelle gehen von einer dem Unternehmen bekannten Nachfrage aus und haben die Kostenminimierung zum Ziel. Eine evtl. vorhandene Konkurrenzsituation und der dadurch bedingte Einfluss der Standortwahl auf die Erlösseite werden außer Acht gelassen. Literatur, die die räumliche Konkurrenz berücksichtigt (bedeutsam v. a. für Handelsbetriebe), zählt zum Bereich der Competitive Location Theory (s. Abschn. 1.5).

Die bislang angesprochenen Probleme beschäftigen sich mit der Standortplanung von Einrichtungen, bei denen die Nähe zu Kunden, Lieferanten und dergleichen bedeutsam ist. Im Gegensatz dazu sind Standorte für Einrichtungen wie Mülldeponien oder Chemiefabriken in der Nähe bewohnter Gebiete unerwünscht. Auf Modelle und Lösungsmöglichkeiten zur Standortplanung für unerwünschte Einrichtungen wird in Abschn. 1.6 eingegangen.

Einen neueren Literaturüberblick zu allen hier behandelten Fragestellungen liefert [ReV05]. Zu weiteren Übersichtsdarstellungen vgl. [Dom97; Nic05]

1.2 Warehouse- und Hub-Location-Probleme

Zahlreiche betriebliche Standortplanungsprobleme sind dadurch gekennzeichnet, dass durch Transportaktivitäten verursachte Kosten berücksichtigt werden müssen. Darüber hinaus spielen (v. a. bei mittel- und langfristiger Planung) die Kosten der Errichtung von z. B. Produktionsstätten oder Auslieferungslagern eine entscheidende Rolle. Beide Einflussfaktoren werden bei den im Folgenden behandelten Problemstellungen berücksichtigt. Man beachte, dass Warehouse-Location-Probleme in der neueren Literatur zumeist als Facilitiy-Location-Probleme (FLP) bezeichnet werden.

1.2.1 Einstufige Warehouse-Location-Probleme

Ein *unkapazitiertes einstufiges Warehouse-Location-Problem* (WLP) lässt sich wie folgt beschreiben (und anhand des in Abb. 1.1 dargestellten bipartiten Graphen veranschaulichen): Ein Unternehmen beliefert n Kunden, die pro Periode $b_1, \ldots, b_n$ ME (Mengeneinheiten) der

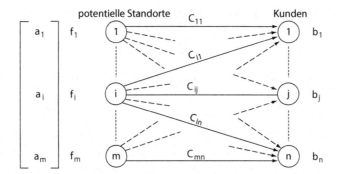

Abb. 1.1 Struktur des ein- stufigen WLP (mit den aj des kapazitierten Problems)

von ihm angebotenen Güter nachfragen. Das Unternehmen möchte seine Vertriebskosten senken, indem es Auslieferungslager einrichtet und betreibt. Hierfür stehen m potenzielle (für die Aufnahme eines Lagers geeignete) Standorte zur Verfügung. Wird am potenziellen Standort $i = 1,...,m$ ein Lager errichtet, so entstehen fixe Kosten der Lagerhaltung in Höhe von f_i GE (Geldeinheiten) pro Periode. Die Transportkosten betragen c_{ij} GE, falls der Kunde j voll (d. h. mit b_j ME) durch ein am Standort i eingerichtetes Lager beliefert wird. Wie viele Lager sind vorzusehen und an welchen der potenziellen Standorten sind sie einzurichten, wenn bei voller Befriedigung der Kundennachfrage die Summe aus (fixen) Lagerhaltungskosten und Transportkosten (Lager → Kunde) minimiert werden soll?

Das unkapazitierte, einstufige WLP kann mathematisch wie folgt formuliert werden:
Minimiere

$$F\left(x,y\right) = \sum_{i=1}^{m}\sum_{j=1}^{n}c_{ij}x_{ij} + \sum_{i=1}^{m}f_iy_i \tag{1.1}$$

unter den Nebenbedingungen

$$x_{ij} \le y_i \ \text{ für } \ i = 1,...,m \ \text{ und } \ j = 1,...,n; \tag{1.2}$$

$$\sum_{i=1}^{m}x_{ij} = 1 \ \text{ für } \ j = 1,...,n; \tag{1.3}$$

$$y_i \in \{0,1\} \ \text{ für } i = 1,...,m; \tag{1.4}$$

$$x_{ij} \ge 0 \ \text{ für alle } \ i \text{ und } j. \tag{1.5}$$

Die verwendeten Variablen haben folgende Bedeutung:

$0 \leq x_{ij} \leq 1$, falls j von i genau $b_j \cdot x_{ij}$ ME erhält

$$y_i = \begin{cases} 1 \text{ am potenziellen Standort } i \text{ ist ein Lager einzurichten} \\ 0 \text{ sonst} \end{cases}$$

Die Nebenbedingungen der Gl. (1.2) stellen sicher, dass ein Nachfrager j nur von einem potenziellen Standort i aus beliefert wird, für den die Einrichtung eines Lagers vorgesehen ist. Bei dieser sog. disaggregierten Formulierung des unkapazitierten, einstufigen WLPs sind m × n Nebenbedingungen des Typs Gl. (1.2) zu berücksichtigen. Sie können ersetzt werden durch genau m Nebenbedingungen:

$$\sum_{j=1}^{n} x_{ij} \leq n_i y_i \text{ für } i = 1, \ldots, m. \tag{1.2a}$$

Dabei ist n_i die maximale Anzahl der Kunden, die von einem Lager am potenziellen Standort i (ökonomisch sinnvoll) beliefert werden kann.

Da es sich bei WLP um NP-schwere Optimierungsprobleme handelt, wurden zu ihrer Lösung neben exakten Branch-and-Bound- (B & B-)Verfahren eine Vielzahl von Heuristiken entwickelt.

Die für WLP verfügbaren *Heuristiken* lassen sich in Eröffnungs- und Verbesserungsverfahren sowie heuristische Metastrategien (v. a. Tabu Search und Simulated Annealing) unterteilen. Zwei sehr einfache Eröffnungsheuristiken zur Bestimmung einer zulässigen Lösung sind die Verfahren Add und Drop.

Beim *Add-Algorithmus* geht man davon aus, dass zunächst kein Standort ausgewählt ist und für den Zielfunktionswert $F(x, y) = \infty$ gilt. In jeder Iteration wird derjenige Standort gesucht, bei dem sich $F(x, y)$ durch Einrichtung eines Lagers am stärksten reduzieren lässt. Dieser wird einer Menge geöffneter Standorte, d. h. Standorte, in denen ein Lager eingerichtet wird, hinzugefügt. Das Verfahren endet, wenn keine weitere Kostenreduktion erzielbar ist.

Der *Drop-Algorithmus* startet damit, dass in jedem potenziellen Standort ein Lager vorgesehen ist. Der Zielfunktionswert $F(x, y)$ ergibt sich aus der Summe der Fixkosten und den Transportkosten für die jeweils günstigste Belieferung jedes Kunden. In jeder Iteration wird derjenige Standort gesucht, bei dem sich $F(x, y)$ durch Schließung des Lagers am stärksten reduzieren lässt. Das Verfahren endet, wenn keine weitere Kostenreduktion erzielbar ist.

Verbesserungsverfahren gehen von einer zulässigen Lösung aus und prüfen meist, ob durch aufeinanderfolgendes oder gleichzeitiges Schließen und Öffnen von Standorten (Standortaustausch), d. h. eine Kombination von Add- und Drop-Schritten, eine bessere Lösung gefunden werden kann. Die geschilderten Eröffnungs- und Verbesserungsverfahren gehören zur Klasse der *Greedy-Verfahren*, d. h., sie streben in jeder Iteration eine größtmögliche Verbesserung des Zielfunktionswertes an und brechen ab, wenn keine Verbesserung mehr möglich ist. *Heuristische Metastrategien* gehen prinzipiell ebenso vor, lassen jedoch vorübergehend auch Verschlechterungen der Lösung zu. Ausführlichere Beschreibungen sind in [Dom96, Kap. 3] zu finden, weitere Literaturhinweise in [Lab97] und [Klo05].

Exakte Verfahren für WLP sind besonders B & B-Verfahren. Eine sehr effiziente Vorgehensweise für das unkapazitierte WLP stammt von Erlenkotter [Erl78]. Das Verfahren geht von der disaggregierten Formulierung (Gln. (1.1) bis (1.5)) aus. Untere Schranken werden dadurch ermittelt, dass die LP-Relaxation dualisiert und das entstehende Problem heuristisch gelöst wird. Primal zulässige Lösungen und somit obere Schranken werden durch Ausnutzung von aus der Dualitätstheorie bekannten Optimalitätsbedingungen bestimmt. Beide Vorgehensweisen führen dazu, dass die Lücke zwischen den Schranken meist gering ist, sodass wenige Verzweigungen des Ausgangsproblems erforderlich sind. Eine ausführliche Darstellung des Verfahrens ist in [Dom96, Kap. 3] enthalten, Weiterentwicklungen stammen u. a. von Körkel [Kör89].

Einen Spezialfall des unkapazitierten WLP stellt das *p-Median-Problem* dar. Dabei wird die Anzahl p der einzurichtenden Standorte fest vorgegeben und die mit der Standorteinrichtung verbundenen Fixkosten entfallen.

Kapazitierte einstufige WLP unterscheiden sich von unkapazitierten dadurch, dass für die potenziellen Standorte $i = 1, \ldots, m$ Kapazitätsbeschränkungen a_i für die dort einrichtbaren Lager (oder Betriebe) vorzusehen sind. Dabei handelt es sich meist um Maximalkapazitäten. Der Rechenaufwand zur Lösung kapazitierter Probleme ist größer als derjenige für unkapazitierte. Zur exakten Lösung eignen sich B & B- sowie Dekompositionsverfahren (s. [Wen94]). Gute untere Schranken erhält man dabei mit Hilfe von Lagrange-Relaxationen.

Neben den vorstehend erwähnten Heuristiken werden zur Lösung des kapazitierten WLP auch sog. *Lagrange-Heuristiken* erfolgreich genutzt. Dabei wird – ausgehend von der Lösung des Lagrange-relaxierten Problems – versucht, durch geeignete heuristische Vorgehensweisen eine für das Ausgangsproblem zulässige Lösung zu konstruieren (s. [Bea93; Aga98] sowie Literaturhinweise in [Klo05]).

Auch die Berücksichtigung von *Mindestkapazitäten* für einbezogene Standorte bereitet im Rahmen der verfügbaren Lösungsverfahren grundsätzlich keine Schwierigkeiten. Mindestkapazitäten werden z. B. in den Modellformulierungen von Hummeltenberg [Hum81] sowie Christofides und Beasley [Chr83] eingeführt. Sehr einfach ist i. d. R. auch die Berücksichtigung einer Nebenbedingung, welche die Anzahl der einbezogenen Standorte nach oben und/oder unten beschränkt (s. hierzu z. B. [Chr83] und [Klo93]).

1.2.2 Mehrstufige Warehouse-Location-Probleme

Mehrstufige WLP unterscheiden sich von einstufigen dadurch, dass bei ihnen mindestens zwei Transportstufen zu berücksichtigen und die Standorte für ein oder mehrere Typen von Einrichtungen gesucht sind. Ein *kapazitiertes zweistufiges WLP* wird hier mit einem Typ von potenziellen Standorten beschrieben, indem das vorstehende kapazitierte einstufige Problem um eine der Stufe Lager → Kunden vorgelagerte Transportstufe erweitert wird.

Ein Unternehmen beliefert n Kunden, die pro Periode $b_1, \ldots, b_n$ ME der von ihm angebotenen Produkte nachfragen. Zur Fertigung der Produkte stehen k Werke mit einer Kapazität von $a_1^w, \ldots, a_k^w$ ME pro Periode zur Verfügung. Das Unternehmen möchte die Vertriebskosten minimieren, indem es Auslieferungslager einrichtet. Hierfür stehen m potenzielle Standorte zur Verfügung. Die Kapazität eines am Standort $i (= 1, \ldots, m)$ errichteten und betriebenen Lagers beträgt maximal a_i^l ME; die fixen Lagerhaltungskosten sind f_i GE. Unter der Kapazität *eines Lagers* soll diejenige Gütermenge verstanden werden, die das Lager pro Periode maximal passieren (die über das Lager maximal ausgeliefert werden) kann. Es wird angenommen, dass sich Lagerzu- und -abgang im Laufe einer Periode ausgleichen (s. Nebenbedingungen Gl. (1.8)). Die Transportkosten bei Belieferung des Nachfragers j vom potenziellen Standort i aus betragen c_{ij} GE/ME.

Für die Belieferung eines am Standort i befindlichen Lagers durch das Werk h sind außerdem $\tilde{c}_{hi}$ GE/ME zu berücksichtigen. Schließlich wird bei diesem Beispiel für ein zweistufiges WLP der Einfachheit halber angenommen, dass Direkttransporte Werk → Kunde ausgeschlossen sind und dass die Gesamtnachfrage gleich der Gesamtkapazität der Werke ist. Wie viele Lager sind einzurichten, wo sind sie zu betreiben und welche Transporte sind auszuführen, damit die *Distributionskosten* bei voller Befriedigung der Kundennachfrage minimiert werden?

Auch dieses Problem lässt sich als gemischt-binäres LP-Problem formulieren. Dazu verwendet man die reellwertigen Variablen $\tilde{x}_{hi}$ und x_{ij} (für alle $h = 1, \ldots, k$; $i = 1, \ldots, m$; $j = 1, \ldots, n$) sowie die Binärvariablen y_i ($i = 1, \ldots, m$). In einer zulässigen Lösung des Problems sollen sie folgende Bedeutung haben:

$\tilde{x}_{hi}$ vom Werk h zum Lager am pot. Standort i zu transportierende Menge,

x_{ij} vom Lager am pot. Standort i zum Kunden j zu transportierende Menge,

$$y_i = \begin{cases} 1 & \text{am potenziellen Standort } i \text{ ist ein Lager einzurichten} \\ 0 & \text{sonst} \end{cases}$$

Damit lässt sich das zweistufige WLP beispielsweise wie folgt formulieren:

Minimiere

$$F(\tilde{x}, x, \tilde{y}) = \sum_{h=1}^{k} \sum_{i=1}^{m} \tilde{c}_{hi} \tilde{x}_{hi} + \sum_{i=1}^{m} \sum_{j=1}^{n} c_{ij} x_{ij} + \sum_{i=1}^{m} f_i y_i \qquad (1.6)$$

unter der Nebenbedingungen

$$\sum_{i=1}^{m} \tilde{x}_{hi} \leq a_h^w \ \text{für } h=1,\dots,k \tag{1.7}$$

$$\sum_{h=1}^{k} \tilde{x}_{hi} - \sum_{j=1}^{n} x_{ij} = 0 \ \text{für } i=1,\dots,m \tag{1.8}$$

$$\sum_{j=1}^{n} x_{ij} \leq a_i^l y_i \ \text{für } i=1,\dots,m \tag{1.9}$$

$$\sum_{i=1}^{m} x_{ij} = b_j \ \text{für } j=1,\dots,n \tag{1.10}$$

$$y_i \in \{0,1\} \ \text{für } i=1,\dots,m \tag{1.11}$$

$$\tilde{x}_{hi} \geq 0 \ \text{und } x_{ij} \geq 0 \ \text{für alle} \ \ h, i \ \text{und} \ j. \tag{1.12}$$

Literaturhinweise zu den Verfahren findet man z. B. in [Dom96, Abschn. 3.2.4], [Klo98] oder [Klo05].

1.2.3   Weitere Warehouse-Location-Probleme

Über die bisher behandelten Probleme hinaus werden in der Literatur weitere interessante WLP betrachtet. Hierzu einige Hinweise:

- stochastische WLP s. [Lou92],
- dynamische (Mehrperioden-) WLP s. [Shu91],
- Mehrgüter-Standortprobleme s. [Kli87] und [Cra93], mehrstufige Mehrgüterprobleme s. [Sch97],
- kapazitierte WLP, bei denen jeder Nachfrager nur von einem Anbieter beliefert werden darf (Single-Source-WLP), s. [Bar90],
- WLP mit nichtlinearer Zielfunktion s. [Fle93] und [Sch94],
- Probleme, bei denen Standorte gesucht werden, die auf besonders frequentierten Verkehrswegen liegen, s. [Ber92],
- Probleme, bei denen neben der Standortwahl auch die Tourenplanung eine Rolle spielt (Location-Routing Probleme), s. [Han94; Ber95; Nag07] sowie [Dre14],
- zum Zusammenhang von WLP und Supply Chain Management s. [Mel09].

Der Artikel [Klo05] bietet einen umfassenden Überblick über Modelle und Algorithmen zur Formulierung und Lösung zahlreicher Warehouse-Location-Probleme.

1.2.4 Hub-Location-Probleme

Als *Hub & Spoke-(H & S-)Netz*, übersetzt Nabe & Speiche-Netz, wird ein spezielles Netz bezeichnet, das sich als ungerichteter Graph mit der Knotenmenge V und folgenden Eigenschaften darstellen lässt:

- Zwischen allen Knotenpaaren $i, j \in V$ existiert ein Güterfluss.
- Zwischen allen Knotenpaaren $i, j \in V$ existiert ein Güterfluss.
- Eine Teilmenge „zentral" gelegener Knoten dient als Umschlagpunkt (Hub) für den Güterfluss; die restlichen Knoten (Endknoten) sind durch eine Kante (Spoke) sternförmig mit i. d. R. genau einem Hub verbunden.
- Der Güterfluss zwischen zwei Knoten erfolgt direkt, wenn beide Knoten Hubs sind oder einer der beiden ein Hub ist und beide durch eine Speiche verbunden sind. Ansonsten wird der Fluss über mindestens einen weiteren Knoten (Hub) geführt.

In Abb. 1.2 ist ein H & S-Netz beispielhaft dargestellt. Die Knoten A, B und C stellen Hubs dar, die übrigen sind Endknoten des Netzes. Der Fluss zwischen den Knoten 1 und 3 muss über die Hubs A und C geführt werden. Im Gegensatz zu vollständigen Netzen (Abb. 1.3), bei denen jeder Knoten mit jedem anderen verbunden ist, also jeweils Direkttransporte stattfinden, enthält ein H & S-Netz deutlich weniger Verbindungen. Das Transportaufkommen pro Verbindung ist größer, somit können größere Transporteinheiten gewählt und dadurch Transportkosten gespart werden. Die Transportzeiten zwischen den Endknoten eines solchen Netzes sind jedoch i. d. R. länger als in vollständigen Netzen.

H & S-Netze findet man im Flugverkehr, bei großen Speditionen, Paketdiensten und der Post sowie als Computer- und Kommunikationsnetze. Mit der Gestaltung derartiger Netze beschäftigt man sich seit Ende der 70er Jahre. Erste Arbeiten im *Operations Research*

Abb. 1.2 Hub & Spoke Netz

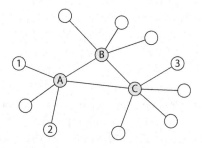

Abb. 1.3 Vollständiges Netz

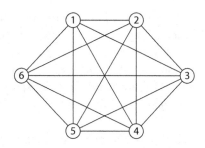

stammen aus dem Jahr 1986. Seither ist eine große Zahl verschiedener Ausprägungen dieser Problemklasse entstanden.

In Analogie zu WLP und p-Median-Problemen werden auch hier Probleme betrachtet, bei denen die Anzahl der einzurichtenden Hubs entweder über Fixkosten gesteuert (Hub-Location-Problem) oder von vornherein fest vorgegeben wird (p-Hub-Median-Problem). Weitere Unterscheidungsmerkmale ergeben sich durch die Gestaltungsanforderungen an das H & S-Netz. Wird dieses in ein Hubnetz (bestehend aus den Hubs und den sie verbindenden Kanten) und ein Zugangsnetz (bestehend aus den Endknoten und den mit ihnen inzidenten Kanten) unterteilt, so können diese wie folgt konfiguriert sein:

- Das *Hubnetz* kann ein vollständiger Graph, ein Kreis, ein Baum oder ein allgemeiner Graph ohne spezielle Struktureigenschaften sein.
- Im *Zugangsnetz* sind Endknoten nur mit Hubs verbunden; ist dies genau ein Hub, spricht man von einfachem Zugang (engl.: single allocation), sonst von mehrfachem Zugang (engl.: multiple allocation). Alternativ können (beliebige) Direktverbindungen zwischen Endknoten erlaubt sein.

Im Folgenden wird ein *Hub-Location-Problem* mit mehrfachem Zugang betrachtet, das von folgenden Annahmen ausgeht:

- Gegeben ist ein vollständiger, bewerteter, ungerichteter Graph $G = [V, E, c]$ mit n-elementiger Knotenmenge V, der Kantenmenge E und Kantenbewertungen c.
- Für jedes Knotenpaar i und j gibt es ein Transportaufkommen in Höhe von t_{ij} ME pro Periode.
- Jeder Knoten $k \in H$ einer Teilmenge H der Knotenmenge V kommt als potenzieller Standort für die Einrichtung eines Hubs in Frage. Ein Hub in Knoten i verursacht Fixkosten in Höhe von f_i GE pro Periode.
- Das Hubnetz stellt einen vollständigen Teilgraphen von G dar. Jeder Endknoten kann mit einem oder mehreren Hubs verbunden sein. Jeder Transport zwischen zwei Endknoten erfolgt über maximal zwei Hubs. Direkttransporte zwischen Endknoten sind nicht möglich.

- Die Kanten $[i,j] \in E$ werden mit Einheitstransportkosten c_{ij} (i. Allg. proportional zur Entfernung zwischen i und j) bewertet.
- Auf Verbindungen zwischen zwei Hubs k und m werden auf Grund des erhöhten Transportaufkommens die Kosten mit einem vorgegebenen Faktor α, $0 < \alpha \leq 1$ skaliert. Die Kosten für den Transport einer ME von Endknoten i über Hubs k und m zu Endknoten j sind damit $c_{ikmj} = c_{ik} + \alpha \cdot c_{km} + c_{mj}$.

Unter diesen Annahmen ist das Netz (Anzahl und Lage der Hubs, Verbindungen der Endknoten mit den Hubs) so zu gestalten, dass die Summe aus Fixkosten und Transportkosten pro Periode minimal wird.

Unter Verwendung der Binärvariablen $y_k \in H$ mit der Bedeutung

$$y_k = \begin{cases} 1 \text{ falls in Knoten } k \in H \text{ ein Hub eingerichtet wird} \\ 0 \text{ sonst} \end{cases}$$

und kontinuierlichen Variablen x_{ikmj} für den Anteil des Transportaufkommens t_{ij}, der von Knoten i über die Hubs k und m zu Knoten j erfolgt, erhält man für dieses Modell die mathematische Formulierung

Miniere

$$K(x,y) = \sum_{k \in H} f_k y_k + \sum_{i \in V} \sum_{k \in H} \sum_{m \in H} \sum_{j \in V} t_{ij} c_{ikmj} x_{ikmj} \tag{1.13}$$

unter den Nebenbedingungen

$$\sum_{k \in H} \sum_{m \in H} x_{ikmj} = 1 \text{ für alle } i,j \in V; \tag{1.14}$$

$$x_{ikmj} \leq y_k \text{ für alle } i,j \in V \text{ und } k,m \in H; \tag{1.15}$$

$$x_{ikmj} \leq y_m \text{ für alle } i,j \in V \text{ und } k,m \in H; \tag{1.16}$$

$$y_k \in \{0,1\} \text{ und } x_{ikmj} \geq 0 \text{ für alle } i,j \in V \text{ und } k,m \in H. \tag{1.17}$$

Sind die Standorte für die Einrichtung von Hubs bekannt, so ist ein sehr einfaches spezielles *Kürzeste-Wege-Problem* zu lösen, sonst handelt es sich um ein NP-schweres Problem. Ein erstes exaktes Verfahren wurde von Klincewicz entwickelt [Kli96]. Es basiert auf einer alternativen Formulierung des Modells (Gln. (1.13) bis (1.17)), in der die Knoten i, j und die Hubs k, m zu Paaren zusammengefasst werden. Dies ermöglicht eine dem WLP sehr ähnliche Modellierung. Das Verfahren an sich stellt eine Anpassung des B & B-Verfahrens von Erlenkotter dar [Erl78]. Die hohe Effizienz (Lösungsmöglichkeit großer Probleme) hat sich beim Hub-Location-Problem jedoch nicht bestätigt. Eine deutliche Verbesserung ist Mayer und Wagner durch Einbeziehung einer aggregierten Modellformulierung gelungen [May02].

Zur näherungsweisen Lösung des Problems wurden in Anlehnung an entsprechende Vorgehensweisen für WLP heuristische Eröffnungs- und Verbesserungsverfahren sowie Metastrategien entwickelt [O'Ke92]. Eine umfassende Übersicht über Hub-Location-Probleme und Modellierungsmöglichkeiten findet sich in [May01; Wag06; Alu08] sowie [Far13].

1.3 Zentren von Graphen und Zentrenprobleme

In der Literatur zur betrieblichen Standortplanung werden häufig Modelle untersucht, deren Gegenstand weniger die Planung des Standortes von Industriebetrieben als vielmehr die Bestimmung von Standorten für *zentrale Einrichtungen* wie Schulen, Feuerwachen oder Depots für Rettungsfahrzeuge ist. In solchen Fällen muss die bislang betrachtete Zielsetzung der Minimierung der Summe entstehender Kosten ersetzt oder ergänzt werden durch eine *Minimax-Zielsetzung*: Ein Standort ist (oder mehrere Standorte sind) so zu bestimmen, dass der längste Weg, den ein „Benutzer" zurückzulegen hat oder den man zum Erreichen eines „Benutzers" zurücklegen muss, möglichst kurz ist. Vereinfachte Abbilder der hierbei zu lösenden Standortprobleme sind die Probleme (Modelle) der Bestimmung von Zentren sowie p-Zentren von Graphen.

Geht man davon aus, dass eine endliche Anzahl potenzieller Standorte für kapazitätsbeschränkte Zentren vorgegeben ist, so besteht zwischen dem zu lösenden Problem und den in Abschn. 1.2 behandelten Warehouse-Location-Problemen große Ähnlichkeit. Mit derartigen Problemstellungen haben sich bisher jedoch nur wenige Autoren beschäftigt. Dearing und Newruck betrachteten kapazitierte Zentrenprobleme mit der zusätzlichen Restriktion, dass die Fixkosten für die in die Lösung einbezogenen Zentren eine obere Schranke nicht überschreiten, und beschreiben ein B & B-Verfahren [Dea79]. Jaeger und Goldberg behandelten kapazitierte Zentrenprobleme auf Bäumen [Jae94].

Die Mehrzahl der Arbeiten zu Zentrenproblemen geht davon aus, dass grundsätzlich jeder Punkt eines Graphen als potenzielles Zentrum in Betracht kommt und keine Kapazitätsbeschränkungen zu beachten sind. Im Folgenden wird auf diese Fragestellungen eingegangen.

1.3.1   1-Zentren

Die folgenden Definitionen werden insofern allgemein gehalten, als Knotenbewertungen b_j einbezogen werden. Diese können z. B. den Wahrscheinlichkeiten für das Auftreten von Unfällen an Verkehrsknotenpunkten entsprechen.

Bei sämtlichen Betrachtungen wird ein ungerichteter, zusammenhängender Graph $G = [V, E, c; b]$ mit positiven Kanten- und Knotenbewertungen c und b unterstellt.

Die Vereinigung der Punkte aller Kanten mit der Knotenmenge wird als Punktmenge Q des Graphen bezeichnet.

Mit d_{ij} wird die kürzeste Entfernung zwischen zwei Knoten $i, j \in V$ bezeichnet. Analog sei $d(q, j)$ die kürzeste Entfernung zwischen einem Punkt q und einem Knoten j. Befindet sich der Punkt q auf der Kante $[h, k]$, so gilt $d(q, j) := min\{d(q, h) + d_{hj}, d(q, k) + d_{kj}\}$.

Auf der Suche nach einem „am zentralsten" gelegenen Punkt eines Graphen kann man sich auf die Knotenmenge beschränken oder die gesamte Punktmenge als potenzielle Standorte in Betracht ziehen. Im ersten Fall handelt es sich um das (Knoten-)Zentrum i_z, im zweiten Fall um das absolute Zentrum q_z des Graphen. i_z bzw. q_z ist derjenige Knoten bzw. Punkt, dessen größte (mit b_j gewichtete) kürzeste Entfernung zu den (übrigen) Knoten j am kleinsten ist.

Definition:

$$\text{a) Sei } r(i) := max\{b_j d_{ij} \mid j \in V\} \text{ für alle Knoten } i \in V \tag{1.18}$$

Einen Knoten i_z mit

$$r(i_z) = min\{r(i) \mid i \in V\}$$

bezeichnet man als *1-Zentrum* (kürzer: Zentrum) des Graphen G. Die Entfernung $r(i_z)$ nennt man *Knoten-Radius* von G.

$$\text{b) Sei } r(q) := max\{b_j d(q, j) \mid j \in V\} \text{ für alle } q \in Q. \tag{1.19}$$

Einen Punkt $q_z \in Q$ mit der Eigenschaft

$$r(q_z) = min\{r(q) \mid q \in Q\}$$

nennt man *absolutes 1-Zentrum* (kürzer: absolutes Zentrum) und die Entfernung $r(q_z)$ *absoluten Radius* des Graphen G.

In der Regel stellt das (Knoten-)Zentrum kein absolutes Zentrum dar.

Ausgehend von dieser Definition, lassen sich 1-Zentren sehr einfach ermitteln. Etwas aufwendiger, aber polynomial beschränkt, ist die Bestimmung absoluter 1-Zentren von allgemeinen Graphen. Eine Möglichkeit besteht darin, sukzessive für sämtliche Kanten sog. *lokale Zentren* (nur die Punkte der Kante sind potenzielle Standorte) zu bestimmen und das beste davon zu wählen. Um den erforderlichen Rechenaufwand zu reduzieren, werden obere Schranken (durch Betrachtung von Teilgraphen mit Baumstruktur) und untere Schranken für die Radien lokaler Zentren ermittelt. Durch Schrankenvergleich kann ein Teil der Kanten von weiteren Untersuchungen ausgeschlossen werden [Dom96, Kap. 4].

1.3.2 p-Zentren

Wiederum ausgehend von einem ungerichteten Graphen $G = [V, E, c; b]$, werden weitere Bezeichnungen eingeführt: Die kürzeste Entfernung $d(V^p, j)$ zwischen einer p-elementigen Knotenmenge $V^p \subseteq V$ und einem Knoten j entspricht der kürzesten Entfernung zwischen j und dem nächstgelegenen Knoten aus V^p. Analog wird die kürzeste Entfernung $d(Q^p, j)$ zwischen einer p-elementigen Punktmenge $Q^p \subseteq Q$ und einem Knoten j definiert.

$$r(V^p) := \max\{b_j d(V^p, j) \mid j \in V\}$$

$$und\, r(Q^p) := \max\{b_j d(Q^p, j) \mid j \in V\} \tag{1.20}$$

Definition: Für alle p-elementigen Teilmengen V^p der Knotenmenge und Q^p der Punktmenge seien

a) Eine p-elementige Teilmenge V_z^p von V bezeichet man als *Knoten-p-Zentrum* von G, wenn für jede andere p-elementige Teilmenge V^p von V die Beziehung $r(V_z^p) \leq r(V^p)$ gilt.

b) Eine p-elementige Punktmenge Q_z^p von G nennt man *absolutes p-Zentrum* von G, wenn für jede andere p-elementige Punktmenge Q^p die Beziehung $r(Q_z^p) \leq r(Q^p)$ gilt.

$r(V_z^p)$ wird als *Knoten-p-Radius* und $r(Q_z^p)$ als *absoluter p-Radius* von G bezeichnet.

Bei beliebigen p-elementigen Knoten- bzw. Punktmengen V^p bzw. Q^p wird die Größe $r(V^p)$ bzw. $r(Q^p)$ *Radius* genannt.

Analog zu der Aussage für absolute 1-Zentren gilt hier: In der Regel gibt es keine p-elementige Teilmenge der Knotenmenge eines Graphen G, die absolutes p-Zentrum von G ist.

Für $p = 2, 3, \ldots$ gilt natürlich $r(Q_z^p) \leq r(Q^{p-1})$. Eine Erhöhung von p führt also nicht notwendig zu einer Reduzierung des absoluten Radius. Gilt für ein p-Zentrum (Q_z^p) und für ein (p–1)-Zentrum (Q_z^{p-1}) eines Graphen G die Gleichheit $r(Q_z^p) = r(Q^{p-1})$, so ist mindestens ein Standort des p-Zentrums überflüssig. In diesem Fall wird Q_z^p als *degeneriert* bezeichnet.

Unmittelbar einsichtig ist diese Aussage für $p > n$, da in diesem Fall $r\left(Q_z^p\right) = r\left(Q^{p-1}\right) = 0$ gilt.

Eine prinzipielle Vorgehensweise zur Bestimmung von p-Zentren besteht darin, zunächst ein Intervall $I = \left[r_u, r_o\right]$ vorzugeben, in dem sich der gesuchte p-Radius befindet. Danach kann für einen (geeignet gewählten) Wert $r \in I$ durch Lösen eines r-Überdeckungsproblems geprüft werden, ob es eine p-elementige Punktmenge Q^p gibt, sodass die kürzeste gewichtete Entfernung keines Knotens größer als r ist.

Das r-Überdeckungsproblem besteht darin, bei gegebenem r eine Punktmenge $\bar{Q}$ minimaler Mächtigkeit zu bestimmen, sodass alle Knoten überdeckt sind, d. h. maximal r Längeneinheiten von $\bar{Q}$ entfernt sind. Eine mathematische Formulierung des Problems lautet

$$\text{Mininiere } \lambda = \left|\bar{Q}\right|$$

unter den Nebenbedingungen   (1.21)

$$d\left(\bar{Q}, j\right) b_j \leq r \text{ für alle } j \in V$$

Ist $\lambda = p$, so lässt sich I auf das Teilintervall $\left[r, r_o\right]$, ansonsten auf $\left[r_u, r\right]$ reduzieren. Wählt man für r jeweils einen mittleren Wert des aktuellen Intervalls, so nennt man diese Vorgehensweise der Intervallreduktion *binäre Suche*.

Als Schranken r_u und r_o können z. B. der kleinste bzw. der größte potenzielle Radius verwendet werden.

r-Überdeckungsprobleme sind auf Bäumen sehr leicht zu lösen (s. [Dom96, Abschn. 4.2.4]). Für allgemeine Graphen sind jeweils *Set-Covering-Probleme* zu lösen. Dazu ist es jedoch erforderlich, zunächst die Menge Q auf die Menge PZ potenzieller Zentren zu beschränken. PZ muss sämtliche Knoten enthalten sowie alle Punkte q, die „Mittelpunkt" einer kürzesten Kette zwischen zwei Knoten i und j sind. Bei Graphen ohne Knotenbewertung ist dies der tatsächliche Mittelpunkt; sonst ist es derjenige Punkt, für den $b_j d\left(q, i\right) = b_j d\left(q, j\right)$ gilt.

Dem Set-Covering-Problem liegt eine Matrix $F = \left(f_{\tau j}\right)$ zugrunde, die für $\tau = 1, 2, \ldots, \left|PZ\right|$ und $j = 1, 2, \ldots, n$ wie folgt definiert ist:

$$f_{\tau j} = \begin{cases} 1 \text{ falls } b_j d\left(q_\tau, j\right) \leq r \\ 0 \text{ sonst} \end{cases}$$ (1.22)

Mininiere

$$\lambda = \sum_{\tau=1}^{\left|PZ\right|} y_\tau$$ (1.23)

unter den Nebenbedingungen

$$\sum_{\tau=1}^{\left|PZ\right|} f_{\tau j} y_\tau \geq 1 \text{ für } j = 1, 2, \ldots, n$$ (1.24)

$$y_\tau \in \left\{0, 1\right\} \text{ für } \tau = 1, 2, \ldots, \left|PZ\right|.$$ (1.25)

Der Koeffizient $f_{\tau j}$ besitzt genau dann den Wert 1, wenn die gewichtete kürzeste Entfernung von q_τ zum Knoten j kleiner oder gleich dem aktuellen r ist. Das Set-Covering-Problem lässt sich unter Verwendung von Binärvariablen $y_\tau \in \{0,1\}$ für $\tau = 1,2,...,|PZ|$ wie folgt formulieren:

Set-Covering-Probleme sind vergleichsweise gut lösbare, binäre Optimierungsprobleme (vgl. [Har94]). Ein Verfahren, das nach obigem Prinzip vorgeht, wurde bereits 1970 von Minieka entwickelt [Min70].

Zentrenprobleme, die zusätzlichen Restriktionen unterliegen, sind z. B. solche mit Zonenbeschränkungen [Ber91]. Zentren dürfen hierbei nur innerhalb vorgegebener Kantenabschnitte liegen.

1.4 Standortplanung in der Ebene

Bisher wurden hier Modelle zur Standortbestimmung in Graphen behandelt. In diesen Modellen repräsentieren Knoten des Graphen die Kundenorte. Die Menge der potenziellen Standorte (für Lager, Fabriken usw.) ist auf die Knoten- oder die Punktmenge des Graphen beschränkt. Die Entfernungen zwischen je zwei Punkten sind durch die Längen von Wegen und/oder Ketten des Graphen determiniert. Bei Verwendung derartiger Modelle spricht man häufig von *diskreter Standortplanung*.

Demgegenüber gehen die Modelle der *Standortbestimmung in der Ebene* von folgenden Annahmen aus:

- Die Kundenorte sind auf einer homogenen Fläche (Ebene) verteilt.
- Jeder Punkt der Ebene ist ein potenzieller Standort.
- Die Entfernung zwischen je zwei Punkten wird gemäß einer bestimmten Metrik gemessen.

Bei Verwendung derartiger Modelle spricht man häufig von *kontinuierlicher Standortplanung*.

Während Modelle der Standortbestimmung in Graphen nur zur Behandlung von Problemen der betrieblichen Standortplanung dienen, gilt für die hier betrachteten Modelle in Abhängigkeit von der berücksichtigten Metrik folgendes: Modelle mit rechtwinkliger Entfernungsmessung (L_1-Metrik) sind eher bei der innerbetrieblichen Standortplanung verwendbar. Modelle mit euklidischer (L_2-)Metrik eignen sich dagegen eher zur Behandlung betrieblicher Standortprobleme.

1.4.1 Messung der Entfernung

Zunächst wird ein allgemeines Entfernungs- oder Distanzmaß definiert. Mit der Konkretisierung der darin enthaltenen Parameter leitet man anschließend drei der im Rahmen der Standortplanung relevante Maße ab.

Definition: Gegeben seien zwei Punkte i und j mit den Koordinaten $(x_i, y_i, ..., z_i)$ und $(x_j, y_j, ..., z_j)$ im n-dimensionalen Raum $\mathbb{R}^n$. Die Größe

$$d_{ij}^q := \left[\left| x_i - x_j \right|^q + \left| y_i - y_j \right|^q + ... + \left| z_i - z_j \right|^q \right]^{\frac{1}{q}} \tag{1.26}$$

bezeichnet man als L_q-Metrik oder L_q-Distanz zwischen i und j.

In der Literatur werden i. d. R. für q die Werte $q = 1$ oder $q = 2$ eingesetzt. Beschränkt man sich auf den im Rahmen der Standortplanung in der Ebene relevanten $\mathbb{R}^2$, so erhält man die

Definition: Gegeben seien zwei Punkte i und j mit den Koordinaten (x_i, y_i) und (x_j, y_j) im $\mathbb{R}^2$. Man bezeichnet

$$d_{ij}^1 := \left| x_i - x_j \right| + \left| y_i - y_j \right| \tag{1.27}$$

als *rechtwinklige Entfernung* (L_1-Metrik),

$$d_{ij}^2 := \sqrt{\left(x_i - x_j \right)^2 + \left(y_i - y_j \right)^2} \tag{1.28}$$

als *euklidische Entfernung* (L_2-Metrik) und

$$\left(d_{ij}^2 \right)^2 := \left(x_i - x_j \right)^2 + \left(y_i - y_j \right)^2 \tag{1.29}$$

als *quadrierte euklidische Entfernung* zwischen i und j.

Love und Morris untersuchten 7 verschiedene Distanzmaße auf ihre Eignung im Rahmen der Standortplanung [Lov72]. Dabei war z. B. zur Darstellung der Straßenverbindungen zwischen nordamerikanischen Städten die 1,15-fache $L_{1,78}$-Distanz besonders geeignet. Entsprechende Untersuchungen für die Bundesrepublik Deutschland stammen von Berens und Körling [Ber83]. Mit der Wahl geeigneter Distanzmaße bzw. ihrer Verallgemeinerung beschäftigten sich Love und Walker [Lov94] bzw. Brimberg et al. [Bri94a].

Verwendet man die quadrierte euklidische Entfernung nach Gl. (1.29), so erreicht man neben einer „Minisum-" auch eine „Minimax-Wirkung".

1.4.2 Bestimmung eines neuen Standortes

Das Problem der Bestimmung eines neuen (betrieblichen) Standortes kann z. B. wie folgt beschrieben werden: Auf einer unbegrenzten, homogenen Fläche (Ebene) existieren n

Kunden an Orten mit den Koordinaten (u_j, v_j) für $j = 1, \ldots, n$. Die Nachfrage des Kunden j beträgt b_j ME pro Periode. Die Transportkosten zwischen allen Punkten der Ebene sind proportional zur transportierten Menge und zur zurückgelegten Entfernung. Die (Einheits-)Transportkosten betragen c GE pro ME und LE. Das Unternehmen möchte ein Auslieferungslager an einem zu bestimmenden Punkt mit den Koordinaten (x, y) so lokalisieren, dass die Gesamtkosten für den Transport der Produkte vom Lager zu den Kunden minimiert werden.

Minimiere

$$F(x,y) = c \sum_{j=1}^{n} b_j \left(\left| x - u_j \right| + \left| y - v_j \right| \right) \tag{1.30}$$

Dieses verbal skizzierte Problem kann bei rechtwinkliger Entfernungsmessung wie folgt mathematisch formuliert werden:

Die Einheitstransportkosten c beeinflussen die Lage des Auslieferungslagers nicht. Man kann sie daher ohne Beschränkung der Allgemeinheit gleich 1 setzen. Das Minimum von Gl. (1.30) lässt sich dadurch ermitteln, dass man unabhängig voneinander das Minimum der Ausdrücke $F_1(x)$ und $F_2(y)$ bestimmt:

$$F_1(x) = \sum_{j=1}^{n} b_j \left| x - u_j \right|, F_2(y) = \sum_{j=1}^{n} b_j \left| y - v_j \right|.$$

Die x- und die y-Koordinate eines optimalen Standortes (x^*, y^*) können also unabhängig voneinander berechnet werden. Ein sehr einfaches Verfahren geht wie folgt vor: Die Kundenorte werden in Abhängigkeit ihrer x-Koordinate in monoton steigender Reihenfolge $j_1, \ldots, j_n$ sortiert und es wird der Gesamtbedarf b_{ges} bestimmt. Beginnend bei j_1 wird derjenige Kunde j_h ermittelt, für den

$$\sum_{i=1}^{h-1} b_{ij} < 0{,}5 \cdot b_{ges} \text{ und } \sum_{i=1}^{h} b_{ij} \geq 0{,}5 \cdot b_{ges}$$

gilt. Seine x-Koordinate stellt die x-Koordinate eines optimalen Kundenortes dar. Analog wird die y-Koordinate bestimmt.

Verwendet man zur Messung der Entfernung das euklidische Entfernungsmaß nach Gl. (1.28), so lässt sich das Problem der Bestimmung eines Standortes (unter Vernachlässigung der Einheitstransportkosten c) wie folgt formulieren:

Minimiere

$$F(x,y) = \sum_{j=1}^{n} b_j \sqrt{\left(x - u_j \right)^2 + \left(y - v_j \right)^2} \tag{1.31}$$

Das Problem (Gl. (1.31)) wird als *verallgemeinertes Weber-Problem*, als *Steiner-Weber-Problem* oder als *allgemeines Fermat-Problem* bezeichnet. Es kann iterativ gelöst werden, indem die partiellen Ableitungen von Gl. (1.31) gebildet und gleich null gesetzt werden. Es entstehen Ausdrücke, aus denen sich x bzw. y nicht vollständig isolieren lassen. Durch Vorgabe eines Startwertes (z. B. die Koordinaten des Schwerpunkts) nähert man sich i. d. R. nach wenigen Iterationen der optimalen Lösung hinreichend gut an (vgl. auch das modifizierte Miehle-Verfahren in [Dom96, Abschn. 5.2]).

Hamacher und Nickel behandeln Steiner-Weber-Probleme u. a. bei L_1-Metrik und quadrierter euklidischer Entfernungsmessung unter Berücksichtigung verbotener Regionen [Ham94].

1.4.3 Bestimmung mehrerer neuer Standorte

Erneut seien n Kunden an Orten mit den Koordinaten (u_j, v_j) $(j = 1,\ldots,n)$ gegeben. Das Unternehmen möchte p *Auslieferungslager* an zu bestimmenden Punkten mit den Koordinaten (x_i, y_i) $(i = 1,\ldots, p)$ so lokalisieren, dass die Gesamtkosten für den Transport von Produkten von den Lagern zu den Kunden und zwischen den Lagern minimiert werden. Pro Periode sind vom zu planenden Lager $(i = 1,\ldots, p)$ zum Kunden $(j = 1,\ldots, n)$ t_{ij} ME zu transportieren. Der zwischen je zwei zu planenden Lagern i und k (mit $1 \le i < k \le p$) pro Periode anfallende Güteraustausch wird in der Größe s_{ik} (in ME) zusammengefasst, d. h., s_{ik} enthält die Summe der von i nach k und der von k nach i zu transportierenden ME. Die (Einheits-) Transportkosten, die aus denselben Gründen wie in den vorhergehenden Betrach tungen vernachlässigt werden können, betragen c GE pro ME und LE.

Dieses Problem kann bei rechtwinkliger Entfernungsmessung unter Verwendung der Vektoren $x = \left(x_1,\ldots,x_p \right)$ und $y = \left(y_1,\ldots,y_p \right)$ wie folgt mathematisch formuliert werden:
Minimiere

$$F(x,y) = \sum_{i=1}^{p-1} \sum_{k=i+1}^{p} s_{ik} \left(\left| x_i - x_k \right| + \left| y_i - y_k \right| \right) + \sum_{i=1}^{p} \sum_{j=1}^{n} t_{ij} \left(\left| x_i - u_j \right| + \left| y_i - v_j \right| \right) \qquad (1.32)$$

Auch für dieses Problem können die x- und y-Koordinaten getrennt voneinander bestimmt werden. Dafür wird die Zielfunktion in zwei nur x bzw. y enthaltende Terme gegliedert. Für jeden dieser Ausdrücke erfolgt dann eine Transformation in ein äquivalentes lineares Optimierungsproblem, das mit dem Simplex-Algorithmus effizient gelöst werden kann. Bei euklidischer Entfernungsmessung entsteht ein Problem, das analog zum Steiner-Weber-Problem iterativ gelöst werden kann (Lösungsmöglichkeiten für beide Modelle s. [Dom96, Abschn. 5.3].

1.4.4 Standort-Einzugsbereich-Probleme

Gegenüber den vorstehenden betreffen die folgenden Ausführungen *verallgemeinerte Problemstellungen*. Die Verallgemeinerung besteht darin, dass nicht von gegebenen Transportmengen t_{ij} ausgegangen wird, sondern neben p Standorten simultan optimale Werte für Transportvariable w_{ij} gesucht werden. Mit der Bestimmung der Transportvariablen werden Einzugsbereiche der zu bestimmenden Standorte festgelegt. Daher ist im Folgenden von Standort-Einzugsbereich-Problemen die Rede, die wie folgt beschrieben werden können: Auf einer unbegrenzten, homogenen Fläche (Ebene) existieren n Kunden an Orten mit den Koordinaten (u_j, v_j) für $j = 1, \ldots, n$. Die *Nachfrage* des Kunden j beträgt b_j ME. Die Unternehmung möchte p *Auslieferungslager* an zu bestimmenden Punkten mit den Koordinaten (x_i, y_i) $(i = 1, \ldots, p)$ zur Belieferung der Kunden lokalisieren. Lager i hat eine maximale Kapazität von a_i ME pro Periode.

Minimiere

$$F(x, y) = c \sum_{i=1}^{p} \sum_{j=1}^{n} w_{ij} \sqrt{\left(x_i - u_j\right)^2 + \left(y_i - v_j\right)^2} \tag{1.33}$$

unter den Nebenbedingungen

$$\sum_{i=1}^{p} w_{ij} = b_j \text{ für } j = 1, \ldots, n \tag{1.34}$$

$$\sum_{j=1}^{n} w_{ij} \leq a_i \text{ für } i = 1, \ldots, p \tag{1.35}$$

$$w_{ij} \geq 0 \text{ für alle } i \text{ und } j \tag{1.36}$$

Bezeichnet man für Lager i und jeden Kunden j die Transportkosten pro ME und LE mit c und die zu transportierenden ME pro Periode mit w_{ij}, so lässt sich bei euklidischer Entfernungsmessung nach Gl. (1.28) das Standort-Einzugsbereich-Problem mathematisch wie folgt formulieren:

Das Problem (Gln. (1.33) bis (1.36)) wurde von Cooper als *Transportation-Location-Problem* bezeichnet [Coo72], was auf die folgenden beiden Eigenschaften zurückzuführen ist:

Minimiere

$$F(x, y) = \sum_{i=1}^{p} \sum_{j=1}^{n} \beta_{ij} w_{ij} \tag{1.37}$$

Sind die Standorte (x_i, y_i), $i = 1, \ldots, p$, fixiert, so reduzieren sich die Gln. (1.33) bis (1.36) mit $\beta_{ij} := cd_{ij}^2$ und d_{ij}^2 als euklidischer Entfernung, Gl. (1.28), auf das klassische Transportproblem:

unter den Nebenbedingungen (1.34) bis (1.36).

Sind alle w_{ij} vorgegeben, so vereinfachen sich die Gln. (1.33) bis (1.36) mit $\gamma_{ij} := cw_{ij}$ zu

Minimiere

$$F(x, y) = \sum_{i=1}^{p} \sum_{j=1}^{n} \gamma_{ij} \sqrt{\left(x_i - u_j\right)^2 + \left(y_i - v_j\right)^2}. \tag{1.38}$$

Es sind dann also p voneinander unabhängige Steiner-Weber-Probleme (Gl. (1.31)) zu lösen.

Von Cooper stammt auch eine Heuristik, welche die vorstehenden Eigenschaften verwendet. Sie startet mit p zufällig gewählten Lagerstandorten und löst zuerst ein klassisches Transportproblem. Ausgehend von den nun bekannten Transportmengen, werden anschließend p voneinander unabhängige Steiner-Weber-Probleme gelöst (s. [Coo72]).

1.5   Competitive Location

Während alle bislang betrachteten Modelle der Standortplanung von gegebenen Bedarfen ausgehen und die Minimierung von Kosten zum Ziel haben, stehen bei den Ansätzen der *Standortplanung unter Wettbewerb* die vom eigenen Unternehmen erzielbaren Erlöse oder der maximal erreichbare Marktanteil im Vordergrund. Dabei werden die Kosten als bekannt vorausgesetzt.

Die erste Arbeit dieser Art stammt von Hotelling [Hot29]. Seit den 80er Jahren sind zahlreiche weitere Beiträge erschienen. Gute Übersichten sowie Klassifikationen findet man in [Eis93] und [Kre12], eine neuere Monografie ist [Mil95]. Fischer entwickelte ein Ordnungsschema, in das die Ansätze der Standortplanung mit und ohne Wettbewerb eingeordnet werden [Fis97].

Zwei grundlegende Modelle der Standortplanung unter Wettbewerb lassen sich, ausgehend von einem ungerichteten, bewerteten Graphen $G = [V, E, c; b]$, wie folgt skizzieren: In den Knoten des Graphen sind Nachfrager mit bekanntem Bedarf b_j nach einem bestimmten Gut angesiedelt. Zwei Unternehmen A und B, die dieses Gut anbieten, konkurrieren um die Kunden und möchten r bzw. p Standorte für Einrichtungen ermitteln, in denen die Kunden das Gut erwerben können. Es wird angenommen, dass anfangs keines der beiden Unternehmen in dem betrachteten Markt präsent ist. Zuerst bestimmt A Standorte für seine r Einrichtungen. Anschließend folgt B mit der Ermittlung von p Standorten. Die Kunden befriedigen ihren Bedarf beim nächstgelegenen Unternehmen; bei gleicher Entfernung wird der Bedarf gleichmäßig auf beide Konkurrenten aufgeteilt.

Bezeichnet man mit A_r die Menge der Standorte von A, mit B_p diejenige von B und mit $z\left(B_p \mid A_r\right)$ den Marktanteil, den B mit der Standortmenge B_p bei gegebener Standortmenge A_r erzielen kann, so stellen sich für beide Unternehmen unterschiedliche Fragen (vgl. [Hak83]):

Unternehmen B: Bestimme bei gegebenem A_r eine Menge von Standorten B_p^*, sodass

$$z\left(B_p^* \mid A_r\right) = \max_{B_p}\left\{z\left(B_p \mid A_r\right)\right\} \text{ gilt.}$$

Stehen für die Wahl von B_p alle Punkte des Graphen zur Verfügung, so spricht man von einem $\left(p \mid A_r\right)$-*Medianoid-Problem*. Kommen nur Knoten in Frage, so wird das Problem als *Maximum-Capture-Problem* bezeichnet; Modellformulierungen und Lösungsverfahren hierfür sind in [ReV05] enthalten.

Unternehmen A: Bestimme A_r^* so, dass

$$z\left(B_p^* \mid A_r^*\right) = \max_{A_r}\left\{z\left(B_p^* \mid A_r\right)\right\} \text{ gilt.}$$

Für die Wahl von A_r kann die gesamte Punktmenge des Graphen oder nur die Knotenmenge zur Verfügung stehen. Das Problem wird als $\left(p \mid r\right)$-*Centroid-Problem* bezeichnet und lässt sich wie folgt näher erläutern: Wenn A seine Standorte wählt, gibt es noch keine Einrichtungen. Die eigenen sind so zu positionieren, dass B durch seine anschließende Wahl einen möglichst geringen Marktanteil erzielen kann. Das heißt, A muss die Reaktion seines Konkurrenten antizipieren. Es handelt sich um ein *Minimax-Problem*, wobei der maximale Marktanteil, den B erzielen könnte, zu minimieren ist.

Solche Problemsituationen können z. B. im Bankensektor, bei Tankstellen oder bei der Planung von Lebensmittelgeschäften oder Restaurants auftreten. Allgemeinere Probleme entstehen, wenn mehr als zwei Unternehmen miteinander konkurrieren.

$(p \mid A_r)$-Medianoid- und $(p \mid r)$-Centroid-Probleme sind bei variablem r bzw. p NP-schwer. Für gegebenes p kann das $(p \mid A_r)$-Medianoid-Problem in polynominaler Zeit gelöst werden, falls nur Knoten als potenzielle Standorte in Betracht kommen; vgl. hierzu sowie zu heuristischen Eröffnungs- und Verbesserungsverfahren [Ben94].

Ein wesentlicher Unterschied zwischen den Standardmodellen der Standortplanung und den Ansätzen des Competitive Location besteht darin, dass im letztgenannten Gebiet Ansätze der Spieltheorie eine wichtige Rolle spielen. Das ist immer dann der Fall, wenn man annimmt, dass die Standortwahl nicht eine einmalige Entscheidung (wie in den vorstehend beschriebenen Grundmodellen) darstellt. Wenn es möglich ist, dass Unternehmen von Zeit zu Zeit ihre Wahl überdenken und korrigieren können, dann stellt sich die Frage nach einem *gleichgewichtigen Zustand*, in dem es sich für kein beteiligtes Unternehmen rentiert, von den bisherigen Standorten abzuweichen.

1.6   Planung unerwünschter Standorte

Als „unerwünschte Einrichtungen" gelten solche, die zwar eine gewisse Dienstleistung für die Bevölkerung liefern, deren Nähe jedoch unerwünscht ist, weil sie mit einer mehr oder minder großen Gefahr bzw. mit einer Beeinträchtigung der Lebensqualität verbunden ist. Beispiele hierfür sind Kernkraftwerke, Müllverbrennungs- und Kompostierungsanlagen sowie Chemiefabriken.

Erste Ansätze der Standortplanung für unerwünschte Einrichtungen stammen aus den 70er Jahren. Gesucht wird jeweils der Standort für eine unerwünschte Einrichtung, sodass der minimale Abstand zu Wohngebieten maximiert wird. Dabei wird von den grundlegenden Annahmen der Standortplanung in der Ebene (s. Abschn. 1.4) ausgegangen (vgl. den Überblick in [Erk89]). Spätere Ansätze gehen von gegebenen (Verkehrs-)Netzen aus. Als weiteres Ziel wird die Minimierung der Transportkosten einbezogen. Mittlerweile wurden auch Modelle und Lösungsmöglichkeiten entwickelt, welche die gleichzeitige Standortwahl mehrerer unerwünschter Einrichtungen vorsehen. Zwei Beispiele für neuere Arbeiten sind [Bri94b] und [Pop96].

Literatur

[Aga98]   Agar, M.C.; Salhi, S.: Lagrangean heuristics applied to a variety of large capacitated plant location problems. J. of the Opl. Res. Soc. 49 (1998) 1072–1084

[Alu08]   Alumur, S.; Kara, B.Y.: Network hub location problems: The state of the art. Europ. J. of OR 190 (2008) 1–21

[Bar90]   Barcelo, J.; Hallefjord, A. et al.: Lagrangean relaxation and constraint generation procedures for capacitated plant location problems with single sourcing. OR Spektr. 12 (1990) 79–88

[Bau58]   Baumol, W.J.; Wolfe, P.: A warehouse-location problem. Oprns. Res. 6 (1958) 181–211

[Bea93]   Beasley, J.E.: Lagrangean heuristics for location problems. Europ. J. of OR 65 (1993) 383–399

[Ben94]   Benati, S.; Laporte, G.: Tabu search algorithms for the (r|Xp)-medianoid and (r|p)-centroid problems. Location Sci. 2 (1994) 193–204

[Ber83]   Berens, W.; Körling, F.-J.: Das Schätzen von realen Entfernungen bei der Warenverteilungsplanung mit gebietspaarspezifischen Umwegfaktoren. OR Spektr. 5 (1983) 67–75

[Ber91]   Berman, O.; Einav, D. et al.: The zoneconstrained location problem on a network. Europ. J. of OR 53 (1991) 14–24

[Ber92]   Berman, O.; Larson, R.C. et al.: Optimal location of discretionary service facilities. Transportation Sci. 26 (1992) 201–211

[Ber95]   Berman, O.; Jaillet, P. et al.: Locationrouting problems with uncertainty. In: Drezner, Z. (ed.): Facility location: A survey of applications and methods. New York: Springer 1995, 427–452

[Bri94a]   Brimberg, J.; Dowling, P.D. et al.: The weighted one-two norm distance model: Empirical validation and confidence interval estimation. Location Sci. 2 (1994) 91–100

[Bri94b]   Brimberg, J.; Mehrez, A.: Multi-facility location using a maximin criterion and rectangular distances. Location Sci. 2 (1994) 11–19

[Chr83] Christofides, N.; Beasley, J.E.: Extensions to a Lagrangean relaxation approach for the capacitated warehouse location problem. Europ. J. of OR 12 (1983) 19–28

[Coo72] Cooper, L.: The transportation-location problem. Oprns. Res. 20 (1972) 94–108

[Cra93] Crainic, T.G.; Delorme, L. et al.: A branch-and-bound method for multicommodity location with balancing requirements. Europ. J. of OR 65 (1993) 368–382

[Dea79] Dearing, P.M.; Newruck, F.C.: A capacitated bottleneck facility location problem. Management Sci. 25 (1979) 1093–1104

[Dom96] Domschke, W.; Drexl, A.: Logistik: Standorte. 4. Aufl. München: Oldenbourg 1996

[Dom97] Domschke, W.; Krispin, G.: Location and layout planning – A survey. OR Spektr. 19 (1997) 181–194

[Dre14] Drexl, M.; Schneider, M.: A survey of variants and extensions of the location-routing problem. Europ. J. of OR 241 (2014) 283–308

[Dre02] Drezner, Z.; Hamacher, H.W. (eds.): Facility location – Applications and theory. Berlin: Springer 2002

[Eis93] Eiselt H.A.; Laporte, G. et al.: Competitive location models: A framework and bibliography. Transportation Sci. 27 (1993) 44–54

[Erk89] Erkut, E.; Neuman, S.: Analytical models for locating undesirable facilities. Europ. J. of OR 40 (1989) 275–291

[Erl78] Erlenkotter, D.: A dual-based procedure for uncapacitated facility location. Oprns. Res. 26 (1978) 992–1009

[Far13] Farahani, R.Z.; Hekmatfar, M. et al.: Hub location problems: A review of models, classification, solution techniques, and applications. Comput. & Oprns. Res. 64 (2013) 1096–1109

[Fis97] Fischer, K.: Standortplanung unter Berücksichtigung verschiedener Marktbedingungen. Heidelberg: Physica 1997

[Fle93] Fleischmann, B.: Designing distribution systems with transport economies of scale. Europ. J. of OR 70 (1993) 31–42

[Hak64] Hakimi, S.L.: Optimum locations of switching centers and the absolute centers and medians of a graph. Oprns. Res. 12 (1964) 450–459

[Hak65] Hakimi, S.L.: Optimum distribution of switching centers in a communication network and some related graph theoretic problems. Oprns. Res. 13 (1965) 462–475

[Hak83] Hakimi, S.L.: On locating new facilities in a competitive environment. Europ. J. of OR 12 (1983) 29–35

[Ham94] Hamacher, H.W.; Nickel, S.: Combinatorial algorithms for some 1-facility median problems in the plane. Europ. J. of OR 79 (1994) 340–351

[Han94] Hansen, P.H.; Hegedahl, B. et al.: A heuristic solution to the warehouse location routing problem. Europ. J. of OR 76 (1994) 111–127

[Har94] Harche, F.; Thompson, G.L.: The column subtraction algorithm: An exact method for solving weighted set covering, packing and partitioning problems. Comput. & Oprns. Res. 21 (1994) 689–705

[Hot29] Hotelling, H.: Stability in competition. Economic J. 39 (1929) 41–57

[Hum81] Hummeltenberg, W.: Optimierungsmethoden zur betrieblichen Standortwahl. Würzburg: Physica 1981

[Jae94] Jaeger, M.; Goldberg, J.: A polynomial algorithm for the equal capacity p-center problem on trees. Transportation Sci. 28 (1994) 167–175

[Kli87] Klincewicz, J.G.; Luss, H.: A dual-based algorithm for multiproduct uncapacitated facility location. Transportation Sci. 21 (1987) 198–206

[Kli96] Klincewicz, J.G.: A dual algorithm for the uncapacitated hub location problem. Location Sci. 4 (1996) 173–184

[Klo93] Klose, A.: Das kombinatorische P-Median-Modell und Erweiterungen zur Bestimmung optimaler Standorte. Diss. Universität St. Gallen, (Schweiz) 1993

[Klo98] Klose, A.: Obtaining sharp lower and upper bounds for two-stage capacitated facility location problems. In: Fleischmann, B. et al. (eds.): Advances in distribution logistics. Berlin: Springer 1998, 185–213

[Klo05] Klose, A.; Drexl, A.: Facility location models for distribution system design. Europ. J. of OR 162 (2005) 4–29

[Kör89] Körkel, M.: On the exact solution of large-scale simple plant location problems. Europ. J. of OR 39 (1989) 157–173

[Kre12] Kress, D.; Pesch, E.: Sequential competitive location on networks. Europ. J. of OR 217 (2012) 483–499

[Kue63] Kuehn, A.A.; Hamburger, M.J.: A heuristic program for locating warehouses. Management Sci. 9 (1963) 643–666

[Lab97] Labbé, M.; Louveaux, F.V.: Location problems. In: Dell' Amico, M. et al. (eds.): Annotated bibliographies in combinatorial optimization. Chichester: Wiley & Sons 1997, 261–281

[Lau82] Launhardt, W.: Der zweckmäßigste Standort einer gewerblichen Anlage. Z. VDI 26 (1882) 105–116

[Lou92] Louveaux, F.V.; Peeters, D.: A dualbased procedure for stochastic facility location. Oprns. Res. 40 (1992) 564–573

[Lov72] Love, R.F.; Morris, J.G.: Modelling intercity road distance by mathematical functions. OR Quarterly 23 (1972) 61–71

[Lov94] Love, R.F.; Walker, J.H.: An empirical comparison of block and round norms for modelling actual distances. Location Sci. 2 (1994) 21–43

[May01] Mayer, G.: Strategische Logistikplanung von Hub & Spoke-Systemen. Wiesbaden: Dt. Univ.-Verl. 2001

[May02] Mayer, G.; Wagner, B.: HubLocater: An exact solution method for the multiple allocation hub location problem. Comput. & Oprns. Res. 29 (2002) 715–739

[Mel09] Melo, M.T.; Nickel, S. et al.: Facility location and supply chain management – a review. Europ. J. of OR 196 (2009) 401–412

[Mil95] Miller T.C.; Friesz, T.L. et al.: Equilibrium facility location on networks. Berlin: Springer 1995

[Min70] Minieka, E.: The m–center problem. SIAM Rev. 12 (1970) 138–139

[Nag07] Nagy, G.; Salhi, S.: Location-routing: Issues, models and methods. Europ. J. of OR 177 (2007) 649–672

[Nic05] Nickel, S.; Puerto, J.: Location theory – a unified approach. Berlin: Springer 2005

[O'Ke92] O'Kelly, M.E.: Hub facility location with fixed costs. Papers in Regional Sci.: The J. of the RSAI 71 (1992) 293–306

[Pop96] Poppenborg, C.: Standortplanung für Locally Unwanted Land Uses. Wiesbaden: Dt. Univ.-Verl. 1996

[ReV05] ReVelle, C.S.; Eiselt, H.A.: Location analysis: a synthesis and survey. Europ. J. of OR 165 (2005) 1–19

[Sch94] Schildt, B.: Strategische Produktions- und Distributionsplanung – Betriebliche Standortoptimierung bei degressiv verlaufenden Produktionskosten. Wiesbaden: Dt. Univ.-Verl. 1994

[Sch97] Schütz, G.: Verteilt-parallele Ansätze zur Distributionsplanung. Wiesbaden: Dt. Univ.-Verl. 1997

[Shu91] Shulman, A.: An algorithm for solving dynamic capacitated plant location problems with discrete expansion sizes. Oprns. Res. 39 (1991) 423–436

[Wag06]   Wagner, B.: Hub & Spoke-Netzwerke in der Logistik – Modellbasierte Lösungsansätze für ihr Design. Wiesbaden: Deutscher Univ.-Verl. 2006

[Web09]   Weber, A.: Über den Standort der Industrien. 1. Teil: Reine Theorie des Standortes. Tübingen 1909

[Wen94]   Wentges, P.: Standortprobleme mit Berücksichtigung von Kapazitätsrestriktionen: Modellierung und Lösungsverfahren. Bamberg: Difo-Druck 1994

Konfigurationsplanung

2

Horst Tempelmeier, Stefan Helber und Heinrich Kuhn

Aufgabe der Konfigurationsplanung (Fabrikplanung) ist die Gestaltung der Infrastruktur der Produktion. Ausgangspunkt der Planung sind die Vorgaben aus der strategischen Planung, die festlegen, welches Produktprogramm in einem lang- bis mittelfristigen Planungszeitraum hergestellt werden soll. Gegenstand der Konfigurationsplanung sind sowohl die Produktionsanlagen als auch die Materialflußsysteme, die diese verbinden.

In Abhängigkeit von der Unterschiedlichkeit der herzustellenden Produkte und den geplanten Produktionsmengen eignen sich unterschiedliche Organisationsformen der Produktion. Diese lassen sich anhand der Merkmale *Flexibilität* [Jai13] und *Produktivität* charakterisieren. Abb. 2.1 zeigt die Einordnung verschiedener Organisationsprinzipien der Produktion im Hinblick auf diese beiden Merkmale, und zwar anhand der Anzahl unterschiedlicher Erzeugnisse, die in einem System gefertigt werden können und der jährlichen Produktionsmenge, die jeweils je Erzeugnis hergestellt wird.

Die größten positiven Effekte bezüglich der Produktivität lassen sich mit Hilfe von *Fließproduktionssystemen* wie Transferstraßen oder flexiblen Produktionslinien erzielen (s. Abschn. 2.2). Auf Grund der hohen Spezialisierung und des hohen

H. Tempelmeier (✉)
Universität Köln, Albert-Magnus-Platz, 50931 Köln, Deutschland
e-mail: tempelmeier@wiso.uni-koeln.de

S. Helber
Technische Universität Hannover, Königsworther Platz 1, 30167 Hannover, Deutschland
e-mail: stefan.helber@prod.uni-hannover.de

H. Kuhn
Katholische Universität Eichstätt, Auf der Schanz 49, 85049 Ingolstadt, Deutschland
e-mail: heinrich.kuhn@ku-eichstaett.de

© Springer-Verlag GmbH Deutschland, ein Teil von Springer Nature 2018
H. Tempelmeier (Hrsg.), *Planung logistischer Systeme*, Fachwissen Logistik,
https://doi.org/10.1007/978-3-662-57782-0_2

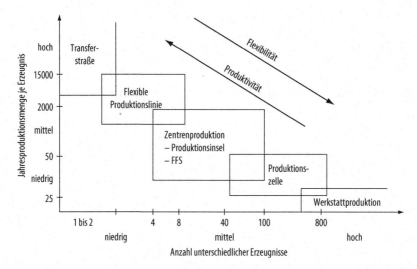

Abb. 2.1 Klassifizierung von Produktionssystemen

Automatisierungsgrads der Systeme ist die Flexibilität dieser Produktionssysteme jedoch relativ gering. Die Systeme eignen sich daher v. a. zur Herstellung von Groß-serien- und Massenprodukten.

Die *Werkstattproduktion* weist demgegenüber eine erheblich höhere Flexibilität auf, jedoch ist die Produktivität bei Werkstattproduktion relativ gering, sodass sich diese Organisationsform besonders bei Einzel- oder Kleinserienproduktion anbietet (s. Abschn. 2.1).

Bei *Zentrenproduktion* (s. Abschn. 2.3) versucht man die Vorteile der Werkstattpro-duktion hinsichtlich der Flexibilität mit den Vorteilen der Fließproduktion hinsichtlich der Produktivität miteinander zu verbinden. Dies erreicht man durch die räumliche Zusam-menfassung der Ressourcen zu Produktionszentren (Produktionsinseln, Flexible Ferti-gungssystem) nach dem Objektprinzip unter Beibehaltung der Möglichkeit produktindivi-dueller Materialbewegungen.

2.1   Konfigurationsplanung bei Werkstattproduktion

2.1.1   Begriff der Werkstattproduktion

Bei *Werkstattproduktion* werden Arbeitssysteme, die gleichartige Funktionen (Operatio-nen, Arbeitsgänge) durchführen können, räumlich in einer Werkstatt zusammengefasst. Die Arbeitsobjekte (Aufträge, Werkstücke) werden entsprechend den in ihren Arbeitsplä-nen definierten technologischen Reihenfolgen zu den einzelnen Werkstätten transportiert und dort – evtl. nach einer ablaufbedingten Wartezeit – bearbeitet.

Der Organisationstyp Werkstattproduktion weist insbesondere dann Vorteile auf, wenn eine große Anzahl verschiedener Produktarten mit unterschiedlichen Arbeitsplänen und daraus resultierenden Bearbeitungsprozessen und Materialbewegungen in *relativ kleinen Losgrößen* produziert werden soll, wobei sich das Produktionsprogramm auf Grund von Nachfrageänderungen und auch die Struktur der Produktionsprozesse als Folge von Verfahrensinnovationen i. d. R. im Zeitablauf dynamisch ändern können. In diesen Fällen ist eine *hohe Flexibilität* aller Ressourcen erforderlich. Lose müssen flexibel zwischen den Arbeitssystemen transportiert werden können. Die Arbeitssysteme müssen in der Lage sein, ein breites Spektrum von Operationen durchzuführen. Da dies oft mit zeitaufwendigen Umrüstvorgängen verbunden ist, entstehen *dynamische Losgrößenprobleme*.

Werkstattproduktionssysteme gelten im Vergleich zu anderen Organisationsformen der Produktion als *ineffizient*, da sie oft mit langen Wartezeiten der Aufträge vor den Ressourcen und folglich langen Durchlaufzeiten bzw. hohen Lagerbeständen bei gleichzeitig schlechter Termineinhaltung verbunden sind. Diese Schwächen resultieren v. a. aus dem rüstzeitbedingten Zwang zur Losbildung (Losgrößenbestand s. Abschn. 5.3 in Kap. Begriffliche Grundlagen der Logistik) und aus dem Einsatz von Planungsverfahren, die die limitierten Produktionskapazitäten vernachlässigen. Obwohl sich mit Hilfe dieser Verfahren i.d.R. keine zulässigen Pläne erzeugen lassen, sind sie in der betrieblichen Praxis weit verbreitet (s. Kap. Hierarchische Systeme der Produktionsplanung und -steuerung).

2.1.2 Einflussgrößen der Leistung eines Werkstattproduktionssystems

Das Leistungsverhalten eines Werkstattproduktionssystems wird v. a. durch die Art und Anzahl der eingesetzten Arbeitssysteme, die Art und Kapazität des Transportsystems und die räumliche Dimensionierung der Lagerflächen in den Werkstätten beeinflusst. Diese Objekte sind Gegenstand von *Konfigurationsentscheidungen*. In einigen Planungssituationen – z. B. bei der Reorganisation des gesamten Produktionsbereichs infolge der Einführung von Produktionsinseln oder eines flexiblen Fertigungssystems – ist auch die Menge der Produktarten, die weiterhin in dem Werkstattproduktionssystem bearbeitet werden sollen, eine Entscheidungsvariable.

Daneben haben aber auch operative Entscheidungen im Bereich der *Losgrößenplanung* Auswirkungen auf den Produktionsablauf und damit auf das Leistungsverhalten eines Werkstattproduktionssystems. Da ein Werkstattproduktionssystem durch dynamische Bedingungen geprägt ist, werden die Losgrößen i. d. R. in Abhängigkeit von den Rüstzeiten (Rüstkosten) erst kurzfristig festgelegt [Tem17]. Im Rahmen der Systemplanung, wenn auf Grund der technischen Auswahl der Ressourcen längerfristig wirksame Entscheidungen über die Rüstzeiten getroffen werden, interessiert die Frage, wie sich das Werkstattproduktionssystem bei unterschiedlichen Rüstzeiten und daraus resultierenden Losgrößen verhalten wird. Die Wirkungskette Ressource – Rüstzeit – Losgröße – Durchlaufzeit ist somit bereits in der Konfigurationsplanung für die Ressourcenauswahl und die Dimensionierung des Produktionssystems von Bedeutung.

Entscheidungen der *Reihenfolgeplanung* können das Leistungsverhalten eines Werkstattproduktionssystems ebenfalls beeinflussen.

Entscheidungen über die Struktur eines Werkstattproduktionssystems haben *Investitionscharakter*, da die Festlegung und Implementierung einer Systemkonfiguration mittelfristig wirksam ist und mit beträchtlicher finanzieller Mittelbindung verbunden sein kann. Unter ökonomischen Gesichtspunkten ist zu fordern, dass vor der Einrichtung oder Veränderung eines Werkstattproduktionssystems (evtl. durch Installation weiterer Maschinen) eine Prognose des Leistungsverhaltens der neu konfigurierten Werkstätten unter verschiedenen für die Zukunft als wahrscheinlich angesehenen Szenarien vorgenommen wird.

Im Gegensatz zur Konfigurationsplanung bei Fließproduktion (s. Abschn. 2.2) oder bei Zentrenproduktion (s. Abschn. 2.3) werden bei der *erstmaligen Installation eines Werkstattproduktionssystems* wohl nur in geringem Umfang formalisierte Planungsverfahren genutzt. Das Hauptaugenmerk in den frühen Phasen der Existenz eines solchen Produktionssystems liegt in eher technischen Fragen der Erreichung eines akzeptablen und stabilen Qualitätsniveaus der Produkte. Erst im Zeitablauf treten Aspekte der Dimensionierung der Ressourcen einschl. der damit verbundenen Engpassbetrachtungen in den Vordergrund des Interesses. Die Praxis zeigt auch, dass Werkstattproduktionssysteme nicht in einem einmaligen Konfigurationsvorgang entstehen, sondern sich oft inkrementell durch schrittweise Ergänzung einzelner Maschinen entwickeln.

Dies geschieht v. a. dann, wenn auf Grund der Dynamik der Produktionsanforderungen Engpässe während des laufenden Betriebs sichtbar werden.

Erweiterungs- und Umstrukturierungsentscheidungen werden oft ohne ein formelles Rahmenkonzept, das auf einer umfassenden Betrachtung aller am Wertschöpfungsprozess beteiligten Produktionsbereiche basiert, getroffen. Daher können im konkreten Fall Zweifel daran entstehen, ob eine in dieser Weise entstandene Werkstattproduktion wirtschaftlich ist. Da auch bei Werkstattproduktion kapitalintensive Ressourcen (NC Maschinen) zum Einsatz kommen und unterschiedliche Systemkonfigurationen sich erheblich im Hinblick auf relevante Zielgrößen wie z.B. den Lagerbestand unterscheiden können, sind eine fundierte Leistungsanalyse und eine Kapazitätsoptimierung angebracht.

2.1.3 Leistungsanalyse und Optimierung

2.1.3.1 Leistungsanalyse

Die Bestimmung der in einer gegebenen Planungssituation optimalen Konfiguration eines Werkstattproduktionssystems setzt die Fähigkeit des Systemplaners voraus, jede betrachtete Konfigurationsalternative hinsichtlich der interessierenden Zielwirkungen zu beurteilen. Während die (zusätzlichen) Investitionsauszahlungen für eine betrachtete Konfigurationsalternative i. Allg. relativ genau vorhergesagt werden können, ist die Quantifizierung des dynamischen Leistungsverhaltens (Produktionsrate, Durchlaufzeiten, Bestände,

Auslastungen) des Werkstattproduktionssystems und des resultierenden Einzahlungsstromes eine anspruchsvolle Aufgabe.

Wegen der zu erwartenden *Heterogenität der Arbeitsbelastung*, die im Zeitablauf starken Schwankungen unterworfen ist und damit erhebliche Varianz beinhaltet, führen Verfahren, die lediglich mit Durchschnittswerten arbeiten, i. d. R. zu sehr ungenauen Leistungsprognosen. Ursachen der Varianz liegen sowohl im Auftragszugangsprozess (dynamische Auftragszugänge, Schwankungen der Arbeitsinhalte, Planungsfehler des PPS Systems durch Fehleinschätzung der Durchlaufzeiten, Eilaufträge, häufige Planänderungen) als auch im Prozess der Auftragsabfertigung (zufällige Schwankungen der Bearbeitungszeiten, technische Störungen im Produktionsablauf auf Grund von Maschinenausfällen usw.).

Bei Werkstattproduktion ist es daher in besonderem Maße erforderlich, den dynamischen und stochastischen Ablauf der Wertschöpfungsprozesse einschließlich der für den Systemoutput wichtigen Wartezeiten zu erfassen. Für Prognoseaufgaben dieser Art eignen sich sowohl *Simulationsmodelle* (s. Kap. Simulation logistischer Systeme) als auch analytische *Warteschlangenmodelle*. Derartige Modelle können verwendet werden, wenn es darum geht, für eine aus einem erwarteten dynamisch eintreffenden Auftragsprogramm resultierende Arbeitsbelastung den Systemdurchsatz und den Engpass sowie weitere interessierende Leistungskenngrößen zu ermitteln. Auch die Auswirkungen der Veränderung der räumlichen Anordnung der Werkstätten (Layout) lassen sich mit Hilfe formaler Analysemethoden abschätzen.

Beobachtet man den Produktionsablauf an einer Maschinengruppe aus der Vogelperspektive, so ist festzustellen, dass dort in unregelmäßigen Abständen Produktionsaufträge (z. B. Behälter mit Werkstücken) eintreffen, die als Ergebnis der Losgrößenplanung vielfach sehr stark schwankende Arbeitsinhalte haben. Diese Arbeitsinhalte, verbunden mit zufälligen Schwankungen der Stückbearbeitungszeiten und mit Maschinenstörungen, führen zu schwankenden auftragsspezifischen „Belegungsdauern" der Ressourcen. Die Konkurrenz der Aufträge um die Ressourcen führt zu *Warteprozessen*, die in der Praxis ein beträchtliches Ausmaß annehmen können.

Es bietet sich daher an, eine einzelne Werkstatt als ein *einstufiges Warteschlangensystem* mit mehreren parallelen Bedienungseinrichtungen, die durch eine gemeinsame Warteschlange versorgt werden, zu beschreiben (Abb. 2.2). An diesem Warteschlangensystem treffen Aufträge mit einer durchschnittlichen Ankunftsrate λ ein und verlassen es nach einer Aufenthaltsdauer, die sich aus der Warte- und der Bedienzeit zusammensetzt.

Abb. 2.2 Einstufiges Warteschlangensystem

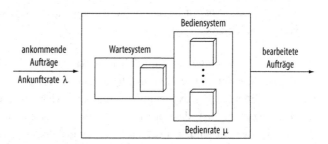

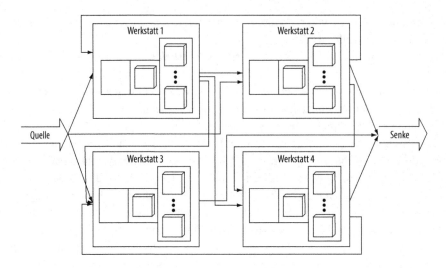

Abb. 2.3 Offenes Warteschlangennetzwerk

Bildet man jede Werkstatt in dieser Weise ab, dann erhält man das in Abb. 2.3 dargestellte offene *Warteschlangennetzwerk* als Modell arbeitsteilig verbundener Werkstätten,
wobei der Materialfluss durch die Pfeile zwischen den Knoten dargestellt wird.

Jackson [Jac57] hat ein solches Warteschlangennetzwerk unter folgenden Annahmen
analysiert:

- Aufträge treffen von außerhalb des Systems (Quelle) an der Werkstatt m ($m = 1, 2, \ldots, M$)
  mit einer Ankunftsrate λ_{0m} ein, wobei die Zwischenankunftszeiten exponential ver-
  teilt sind.
- Die Bedienzeiten in der Werkstatt m sind mit dem Mittelwert $1/\mu_m$ exponential verteilt.
- Die Wahrscheinlichkeit r_{im} dafür, dass ein Auftrag nach Verlassen der Werkstatt i zur
  Werkstatt m transportiert wird oder das System verlässt, ist unabhängig vom aktuellen
  Systemzustand, d. h. unabhängig von der aktuellen Verteilung der Aufträge auf die
  Werkstätten. Diese Wahrscheinlichkeiten lassen sich aus den Arbeitsplänen der Auf-
  träge ableiten.
- In jeder Werkstatt werden die Aufträge nach der First-come-first-served-Regel abgefertigt.
- Der in Werkstatt m zur Lagerung der Aufträge bzw. Werkstücke verfügbare Warteraum
  ist nicht beschränkt.

Unter diesen Annahmen verhält sich jede Werkstatt wie ein *einstufiges M/M/c Warteschlangensystem*, d. h. wie ein einstufiges Warteschlangensystem mit c parallelen Bedienungseinrichtungen bei exponential verteilten Zwischenankunfts- und Bearbeitungszeiten. Hervorzuheben ist, dass auch die Zwischenabgangszeiten in einem solchen System
exponential verteilt sind. Da die eine Werkstatt verlassenden Aufträge zu Zugängen in

anderen Werkstätten werden, lassen sich die Zugangsraten an den Werkstätten aus den Abgangsraten und der Struktur des Materialflusses ableiten.

Zur Berechnung der stationären Leistungskenngrößen des Gesamtsystems werden die stationären Wahrscheinlichkeiten aller möglichen Systemzustände benötigt. Ein *Systemzustand* wird durch einen Vektor $\mathbf{n}^\mathrm{T} = \left(n_1, n_2, \ldots, n_m, \ldots, n_M \right)$ beschrieben, wobei das Element n_m die Anzahl von Aufträgen bezeichnet, die sich in Werkstatt m (wartend oder in Bearbeitung) befinden. So bedeutet beispielsweise $\mathbf{n}^\mathrm{T} = (2, 0, 4, 1)$, dass sich zwei Aufträge in Werkstatt 1, vier Aufträge in Werkstatt 3 sowie ein Auftrag in Werkstatt 4 befinden und dass Werkstatt 2 unbeschäftigt (leer) ist. Die Wahrscheinlichkeiten aller Systemzustände können – dem sog. *Jackson-Theorem* zufolge – durch Multiplikation der werkstattbezogenen Wahrscheinlichkeiten wie folgt ermittelt werden:

$$p\left(n_1, n_2, \ldots, n_M\right) = \prod_{m=1}^{M} p_m\left(n_m\right). \tag{2.1}$$

Dabei ist $p_m(n_m)$ die Wahrscheinlichkeit dafür, dass sich in der isoliert betrachteten Werkstatt m genau n_m Aufträge (wartend oder in Bearbeitung) befinden. Warteschlangennetzwerke, für die diese „Produktform" gilt, werden auch *Jackson- oder Produktformnetzwerke* genannt. Die Wahrscheinlichkeit $p_m(n_m)$ kann unter diesen Annahmen mit Hilfe eines M/M/c Wartschlangenmodells in geschlossener Form exakt berechnet werden. Dazu benötigt man die mittlere Bedienrate der Werkstatt m (μ_m), die Anzahl identischer Maschinen in der Werkstatt (c_m) sowie die mittlere Ankunftsrate (λ_m) von Aufträgen in der Werkstatt m. Die Ankunftsrate ergibt sich aus dem erwarteten Materialfluss zwischen den Werkstätten und wird durch folgendes Gleichungssystem bestimmt:

$$\lambda_m = \lambda_{0m} + \sum_{j=1}^{M} \lambda_j r_{jm} \quad m = 1, 2, \ldots, M \tag{2.2}$$

Gilt die Stabilitätsbedingung $\rho_m = \lambda_m / \mu_m < 1$, kann für den Fall einer Maschine ($c_m = 1$) der mittlere Bestand in der Werkstatt m beispielsweise als $L_m = \rho_m / \left(1 - \rho_m\right), m = 1, 2, \ldots, M$, ermittelt werden.

Die für die Gültigkeit des *Jackson-Theorems* erforderliche Annahme exponentialverteilter Zwischenankunfts- und Bearbeitungszeiten an den einzelnen Werkstätten ist für die betriebliche Praxis in vielen Fällen zu restriktiv. Die in der Praxis übliche Bündelung von Periodenbedarfen zu Losen führt in Abhängigkeit vom Ausmaß der Schwankungen der Periodenbedarfe und vom angewandten Losgrößenverfahren dazu, dass die Exponentialverteilung zur Beschreibung der Arbeitsinhalte vielfach nicht mehr geeignet ist. Dies hat zur Folge, dass auch die Zwischenabgangszeiten von Aufträgen und damit die Zwischenankunftszeiten nicht mehr als exponentialverteilt angenommen werden können. Daher liefert das Konzept oft nur eine erste grobe Approximation des tatsächlichen Leistungsverhaltens eines Werkstattproduktionssystems.

Allerdings kann auch bei nicht exponential verteilten Bedienzeiten auf die grundsätzlich bestehende Analogie zwischen dem Werkstattproduktionssystem und einem offenen Warteschlangennetzwerk zurückgegriffen werden. Man bildet in diesem Fall jede Werkstatt (d. h. jeden Knoten des Netzwerks) als ein einstufiges Warteschlangensystem mit *allgemein verteilten Zwischenankunftszeiten und Bearbeitungszeiten* ab. Sowohl die Bearbeitungszeiten als auch die Zwischenankunftszeiten von Aufträgen in einer Werkstatt werden dabei nicht mehr durch eine Wahrscheinlichkeitsverteilung, sondern nur noch durch ihren Mittelwert und ihren Variationskoeffizienten (= Standardabweichung/Mittelwert) beschrieben. Der Variationskoeffizient der *Zwischenankunftszeit* in der Werkstatt m hängt von der Struktur des Materialflusses (r_{jm} Werte) und den Variationskoeffizienten der Zwischenabgangszeiten an den Werkstatten ab, von denen Aufträge zur Station m transferiert werden. Der Variationskoeffizient der Zwischenabgangszeiten in einer Werkstatt wiederum wird durch die Variationskoeffizienten der Zwischenankunftszeiten und der Bedienzeiten in dieser Werkstatt bestimmt. Für alle diese Größen sind verschiedene Approximationsformeln entwickelt worden [Buz93: Kap. 3].

Liegen die genannten Größen vor, dann kann jede Werkstatt mit dem einstufigen *GI/G/c Warteschlangenmodell* abgebildet werden und die relevanten Leistungskenngrößen ebenfalls mit Hilfe von Approximationsformeln bestimmen. Wurde z. B. die mittlere Durchlaufzeit eines Auftrags in der Werkstatt m bestimmt, dann lässt sich unter Berücksichtigung der Struktur des Materialflusses die mittlere Durchlaufzeit eines Auftrags durch das gesamte Werkstattproduktionssystem ermitteln. In den letzten Jahren sind zahlreiche auf dem dargestellten Dekompositionskonzept basierende – auch softwaregestützte – Ansätze zur Leistungsanalyse von Werkstattproduktionssystemen entwickelt worden. Sie sind inzwischen vielfach in der betrieblichen Praxis erprobt und zur Unterstützung von Konfigurationsentscheidungen eingesetzt worden [Sur95; Rao98].

Obwohl in den bisherigen Ausführungen das Materialflusssystem nicht explizit berücksichtigt wurde, lässt sich dieses problemlos in die Betrachtung einbeziehen, indem man es mit speziellen Knoten im Warteschlangennetzwerk modelliert, deren Ressourcen (Fahrzeuge) nach jedem „normalen" Arbeitsgang in einer Werkstatt in Anspruch genommen werden.

2.1.3.2   Optimierung

Die Bestimmung der optimalen Konfiguration eines Werkstattproduktionssystems verlangt die Fähigkeit des Planers, für jede gegebene Konfigurationsalternative (Kombination von Entscheidungsvariablen) die relevanten Kenngrößen (Ausprägungen der Zielwerte Bestand, Produktionsrate usw.) zu bestimmen. Greift man auf die diskutierten Ansätze zur Leistungsanalyse zurück, dann kann man nach einer *ökonomisch günstigen Ressourcenkombination* suchen, die eine gewünschte durchschnittliche Produktionsleistung, gemessen in der Anzahl von Aufträgen pro Zeiteinheit, sicherstellt. Dabei sind die infolge des Materialflusses bedingten Interdependenzen zwischen den einzelnen Werkstätten sowie dem Transportsystem zu berücksichtigen.

Entscheidungen über die Bereitstellung *zusätzlicher Kapazität für einen bestimmten Ressourcentyp* werden durch die Erkenntnis ausgelöst, dass bei der aktuellen oder künftig erwarteten Arbeitslast ein zu hoher Bestand vor einem Engpass zu erwarten ist. In dieser Entscheidungssituation stellt sich die Frage, ob die Engpassleistung durch eine „teure" Ressource mit hoher Produktionsrate oder alternativ durch mehrere „billige" Resourcen mit jeweils geringerer Produktionsrate bereitgestellt werden soll. Diese Entscheidungsalternativen führen im Hinblick auf den Ressourceneinsatz jeweils zu unterschiedlichen fixen und variablen Kosten und zu unterschiedlichen Lagerbeständen [Kar87].

In Abhängigkeit von der Flexibilität der gewählten technischen Ressourcen ergeben sich häufig unterschiedliche *Rüstzeiten*. Die Rüstzeiten beeinflussen wiederum – soweit die Ressource einen Engpass darstellt – die durchschnittlichen Losgrößen. Die Beziehung zwischen der Losgröße und der Durchlaufzeit ist Gegenstand zahlreicher Untersuchungen. Auf die größte Resonanz sind die Arbeiten von Karmarkar gestoßen, der, aufbauend auf unterschiedlichen Annahmen, mit Hilfe der Warteschlangentheorie analytische Aussagen über den Zusammenhang zwischen Losgröße und Durchlaufzeit abgeleitet hat [Tem16]. Einen zusammenfassenden Überblick vermittelt [Kar93].

Entscheidungen über die Veränderung des Produktmix (d.h. der Menge der im Werkstattproduktionssystem zu produzierenden Produktarten) treten auf, wenn eine Reorganisation der Produktion durchgeführt wird und alternativ zur Werkstattproduktion Produktionsinseln oder ein flexibles Fertigungssystem eingesetzt werden. Auch bei der Entscheidung über Eigenfertigung oder Fremdbezug (Outsourcing) ist zu fragen, welche Leistungskenngrößen das Werkstattproduktionssystem mit und ohne ein für den Fremdbezug betrachtetes Produkt aufweist.

Besteht die Möglichkeit, einzelne Produkte nach *verschiedenen Arbeitsplänen* mit unterschiedlichen Belastungen der Ressourcen zu produzieren, kann es günstig sein, die Arbeitspläne, nach denen ein Produkt produziert wird, im Zeitablauf zu variieren. Eine derartige *Arbeitsplanoptimierung* kann im Hinblick auf die Belastung der Ressourcen günstig sein. Für Flexible Fertigungssysteme ist diese Fragestellung bereits intensiv betrachtet worden [Tem93a]. Es zeigt sich, dass die Behandlung des Mischungsverhältnisses der Arbeitspläne eines Produkts im Zeitablauf als Entscheidungsvariable positive Auswirkungen auf die Nutzung der Ressourcen und damit auf die Produktionsrate des Werkstattproduktionssystems haben kann. Calabrese und Hausman verknüpften die Entscheidungen zur Arbeitsplanoptimierung mit den Losgrößenentscheidungen und zeigten anhand von Beispielen das Verbesserungspotenzial [Cal91].

Entscheidungen über die Kapazität des *Transportsystems* stehen in engem Zusammenhang mit Transportlosgrößenentscheidungen. Zur Reduzierung der Durchlaufzeiten bietet es sich an, mit der Bearbeitung eines Loses in einer stromabwärts gelegenen Werkstatt bereits zu beginnen, bevor das Los vollständig an dem davorliegenden Arbeitsgang abgeschlossen ist. Diese überlappte Fertigung beeinflusst in Abhängigkeit von der *Transportlosgröße* die benötigte Kapazität des Transportsystems. Da Transportressourcen hierdurch in unterschiedlicher Weise in Anspruch genommen werden, stellt sich die Frage nach der optimalen Anzahl von Transportmitteln. Auch bei Beantwortung dieser Frage sind die komplexen dynamischen Interaktionen zwischen Transportmitteln und Werkstätten zu beachten, die sich im Auf- und Abbau von Beständen äußern.

Zur Behandlung aller genannten Entscheidungsprobleme werden in der Literatur *Optimierungsmodelle* formuliert, deren Bewertungskomponenten auf analytische Warteschlangennetzwerke zurückgreifen.

2.2 Konfigurationsplanung bei Fließproduktion

2.2.1 Kennzeichnung, Anwendungsgebiete und Formen von Fließproduktionssystemen

Fließproduktionssysteme dienen zur Herstellung großer Mengen eines Produkts oder eines engen Produktspektrums. Dabei lohnt es sich häufig, den Prozess stark arbeitsteilig zu organisieren. Die einzelnen Arbeitselemente werden dazu derart auf mehrere Bearbeitungsstationen verteilt, dass jedes Werkstück an jeder Station i. d. R. nur einmal bearbeitet wird. Ordnet man nun die Stationen gemäß dem Produktionsprozess sequenziell an, so ergibt sich ein System mit einheitlichem und gleichgerichtetem Materialfluss.

Ein solches Fließproduktionssystem (FPS) kann i. Allg. nur ein enges Produktspektrum mit identischem oder sehr ähnlichem Produktionsprozess herstellen. Dieser geringen Flexibilität steht jedoch i. d. R. eine hohe Produktivität durch intensive Lerneffekte und den Einsatz spezialisierter Anlagen gegenüber. Dies führt meist zu niedrigen Durchlaufzeiten, Beständen und Stückkosten.

Die hintereinander angeordneten Stationen des FPS sind über ein *Materialflusssystem* verkettet (s. Kap. Innerbetriebliche Logistiksysteme). Im Fall einer *starren Verkettung* müssen die Werkstücke an allen Stationen jeweils gleichzeitig weitergegeben werden (z. B. wenn alle mit einem einzigen Förderband fest verbunden sind). Eine Störung an einer der Stationen führt dann dazu, dass alle anderen Stationen mit der Weitergabe warten müssen, bis die Störung behoben ist.

Ist es dagegen wie in Abb. 2.4 bereits dann möglich, ein Werkstück von einer Station zur nächsten weiterzugeben, wenn es fertig bearbeitet und stromabwärts ein freier Platz verfügbar ist, spricht man von *elastischer Verkettung*. Sie ist z. B. erreichbar, wenn Rollbahnen statt durchgehender Förderbänder vorgesehen werden. Zwischen den Maschinen befindet sich dann i. d. R. eine beschränkte Anzahl von Puffern, in denen die Werkstücke Aufnahme finden können, wenn sie gerade nicht bearbeitet werden. Die Puffer sorgen für

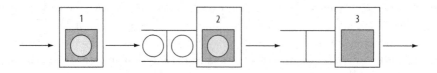

Abb. 2.4 Schematische Darstellung eines elastisch verketteten Fließproduktionssystems

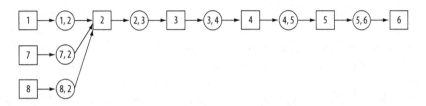

Abb. 2.5 Fließproduktionssystem mit rein linearem Materialfluss

Abb. 2.6 Montagesystem mit 8 Stationen

eine partielle Entkopplung der Stationen, sodass schwankende Bearbeitungszeiten oder kurze Störungen an einer Station nicht zwangsläufig zum Stillstand der anderen Stationen führen. Aus diesem Grund führt eine elastische Verkettung der Anlagen tendenziell zu höheren Produktionsraten als eine starre Verkettung, gemessen an der Anzahl der je Zeiteinheit fertiggestellten Werkstücke.

Neben der Art, wie die Stationen verkettet sind, können FPS auch noch nach dem Materialfluss gekennzeichnet werden. In Abb. 2.5 ist zunächst der Fall eines *rein linearen Materialflusses* skizziert. Die Quadrate stellen Arbeitsstationen dar und die Kreise symbolisieren Puffer zwischen benachbarten Stationen. Der Materialfluss folgt den Pfeilen.

Abb. 2.6 zeigt beispielhaft einen *nichtlinearen Materialfluss*. Die Operation an Station 2 kann nur stattfinden, wenn von den drei Stationen 1, 7 und 8 z. B. je ein Werkstück zur Montage an Station 2 bereitgestellt wird. Ein weiteres Beispiel eines nichtlinearen Materialflusses zeigt Abb. 2.7. Hier findet an Station 5 eine Qualitätskontrolle statt, die zu einer Aufspaltung im Materialfluss führt. Werkstücke ohne Qualitätsmängel werden zu Station 6 weitergeleitet, während solche mit Mängeln an den Stationen 7 und 8 nachbearbeitet werden, bevor sie an Station 2 wieder in das FPS eingeschleust werden, um die Schritte an den Stationen 2, 3, 4 und die Kontrolle an Station 5 zu wiederholen. Derartige Nacharbeitsschleifen können dazu führen, dass die Stationen 2 bis 5 eine höhere Arbeitslast zu tragen haben als die Stationen 1 und 6. Aus diesem Grund hat die Produktqualität einen erheblichen Einfluss auf das Verhalten eines FPS [Hel99a: 160ff.].

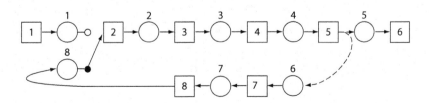

Abb. 2.7 Fließproduktionssystem mit Nachbarschleife

2.2.2 Einfluss zufälliger Bearbeitungszeiten und Störungen auf Produktionsraten, Bestände und monetäre Zielgrößen

Wenn die Bearbeitungszeiten je Werkstück an einer Station zufälligen Schwankungen unterliegen, kann es auch bei elastischer Verkettung der Stationen zu den Effekten „Hungern" und/oder „Blockieren" kommen. So kann eine außergewöhnlich lange Bearbeitungszeit an einem Werkstück der Station 2 in Abb. 2.4 dazu führen, dass Station 3 wegen Materialmangels hungert und Station 1 auf Grund des vollen Puffers vor Station 2 blockiert ist. Dadurch geht zum einen Kapazität an den Stationen 1 und 3 verloren und zum anderen bauen sich Bestände im blockierten Teil des Systems auf. Diese Effekte sind tendenziell desto stärker, je mehr die Bearbeitungszeiten schwanken. In ähnlicher Weise wirken auch zufällige Störungen an den Maschinen, die in die *effektiven Bearbeitungszeiten* der Werkstücke je Station hineingerechnet werden können [Gav62; Kuh97].

Bezeichnet x_i die zufällig schwankende effektive Bearbeitungszeit und sind $m(x_i)$ bzw. $s(x_i)$ der Mittelwert bzw. die Standardabweichung dieser zufälligen Größe, so ist der Variationskoeffizient $VC = s(x_i) / m(x_i)$ ein relatives Maß für die Stärke der Schwankungen der Aufenthaltszeit an Station i. Einen ersten Eindruck von den Auswirkungen zufällig schwankender Bearbeitungszeiten vermittelt die folgende Näherungsformel für die *erreichbare relative Auslastung ρ eines FPS* [Blu90]:

$$\rho = \frac{1}{1 + \dfrac{1,67(N-1)VC}{1 + N + 0,31VC + \dfrac{1,67NP}{2VC}}} \tag{2.3}$$

Die Formel beruht auf der Annahme, dass die Mittelwerte und die Schwankungen der Bearbeitungszeiten (ausgedrückt durch den Variationskoeffizienten *VC*) an allen *N* Stationen identisch sind und dass an allen Stationen jeweils *P* Pufferplätze vorliegen.

Abb. 2.8 zeigt, dass gemäß Gl. (2.3) die *erreichbare Auslastung* eines FPS ohne Puffer ($P = 0$) erheblich von der Variabilität der Bearbeitungszeiten abhängt. Kann bei geringer

Abb. 2.8 Abhängigkeit der ohne Puffer erreichbaren Auslastung von der Stationenzahl

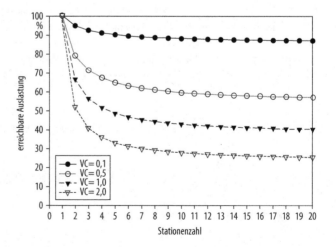

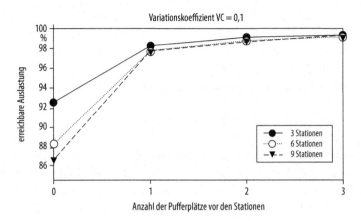

Abb. 2.9 Abhängigkeit der erreichbaren Auslastung von der Anzahl der Pufferplätze bei VC = 0,1

Variabilität ($VC = 0{,}1$) auch bei 20 Maschinen noch eine Auslastung von etwa 90% an jeder Station erreicht werden, so wird bei sehr hoher Variabilität ($VC = 2$) bereits bei 3 ohne Puffer verketteten Maschinen nur noch eine Auslastung von rund 40% erreicht, sodass jede der Stationen ca. 60% der Zeit blockiert ist und/oder hungert.

Installiert man nun vor jeder Station P Pufferplätze, dann kann ein Teil der zunächst verlorenen *Produktionsrate* zurückgewonnen werden. Dies wird in den Abb. 2.9 und 2.10 deutlich. Während bei geringen Schwankungen der Bearbeitungszeiten ($VC = 0{,}1$ in Abb. 2.9) bereits ein einzelner Pufferplatz vor jeder Maschine zu einem erheblichen Anstieg der Produktionsrate führt, sind bei stark schwankenden Bearbeitungszeiten ($VC = 2$ in Abb. 2.10) wesentlich mehr Pufferplätze erforderlich. Der Anstieg der Produktionsrate je installiertem Pufferplatz nimmt mit zunehmender Pufferanzahl ab.

Abb. 2.10 Abhängigkeit der erreichbaren Auslastung von der Anzahl der Pufferplätze bei VC = 2

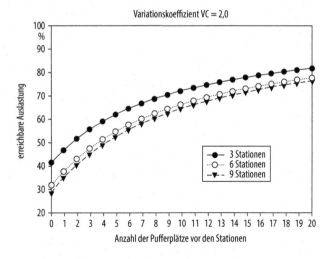

In der Praxis ist es häufig nicht möglich, eine hinreichend präzise Abschätzung der Produktionsrate mit Hilfe der Gl. (2.3) zu erhalten, weil nicht alle Stationen gleich stark ausgelastet sind, die Bearbeitungszeiten an den Stationen unterschiedlich stark schwanken und die Anzahl der Puffer nicht an allen Stationen gleich groß ist. In diesen Fällen sind zur *Leistungsbewertung* flexiblere Verfahren anzuwenden, auf die im Folgenden noch eingegangen wird.

Wenn Bearbeitungszeiten in einem FPS schwanken, so führt dies zu Verlusten an *Produktionskapazität*, die durch Puffer partiell ausgeglichen werden können. Dieser Anstieg an Produktionsrate kann u. U. zu zusätzlichen Erlösen und Deckungsbeiträgen führen, welche die Kosten der Puffer überschreiten. In Abb. 2.11 wird für ein konkretes Zahlenbeispiel mit 6 gelegentlich ausfallenden Maschinen gemäß Abb. 2.5 die Beziehung zwischen dem Kapitalwert als Gewinngröße und der Produktionsrate angegeben [Hel99: 22; Hel00]. Zu jeder dieser Kombinationen von *Produktionsrate und Kapitalwert* gehört eine bestimmte (hier nicht angegebene) Pufferverteilung. Wenn die Bearbeitungszeiten an allen Stationen gleich lang sind und gleich stark schwanken, erhalten die mittleren Stationen des Systems typischerweise die meisten Puffer, da sie am häufigsten hungern und blockiert sind.

Abb. 2.11 zeigt, dass bei zu wenig Pufferplätzen im System ein negativer Kapitalwert erreicht wird, die Investition führt also unter Berücksichtigung der Zinsen zu einem Verlust. Am wirtschaftlichsten arbeitet das System bei einer mittleren Produktionsrate von etwa 0,81 Stück je Zeiteinheit und einem Kapitalwert von ca. 150 000 GE. Werden weitere Puffer installiert, dann ergibt sich nur noch ein relativ kleiner Anstieg der Produktionsrate, der die Kosten der zusätzlichen Puffer nicht mehr kompensieren kann. Der Kapitalwert geht nun desto stärker zurück, je weiter durch immer mehr Puffer die Leistungsfähigkeit des Gesamtsystems derjenigen der Engpassstation angenähert wird. Die *Pufferverteilung* stellt damit ein ökonomisches Optimierungsproblem dar: Zu viele Puffer sind unwirtschaftlich, zu wenige aber auch, und es kann sinnvoll sein, einen Engpaß *nicht* permanent zu beschäftigen.

Abb. 2.11 Beispielhafte Beziehung zwischen Kapitalwert und Produktionsrate

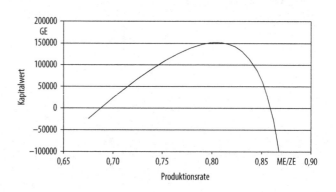

2.2.3 Entscheidungsprobleme bei der Konfiguration von Fließproduktionssystemen

2.2.3.1 Arbeitsverteilung

Ein FPS kann nur dann installiert werden, wenn sich der Produktionsprozess arbeitsteilig organisieren lässt, die pro Produkteinheit zu leistende Arbeit also in einzelne Arbeitselemente zerlegbar ist. In Abb. 2.12 ist ein *Vorranggraph* dargestellt, in dem die Kreise die einzelnen Arbeitselemente für die Herstellung des Produkts und die Pfeile die Vorrangbeziehungen zwischen diesen angeben. Unter jedem der 10 Arbeitselemente ist die jeweilige Bearbeitungszeit für das Element angegeben [Küp04: 148ff.].

Derartige Vorranggraphen erhält man aus dem *Arbeitsplan* für das in einem FPS herzustellende Produkt. Es wird davon ausgegangen, dass die einzelnen Arbeitselemente nicht weiter unterteilt werden können und als Ganzes einer der Stationen des FPS zugewiesen werden müssen. Gesucht ist nun häufig eine möglichst effiziente Aufteilung der Arbeitselemente auf die Stationen eines FPS, die einerseits technologisch zulässig ist und andererseits eine gewisse Mindestproduktionsrate ergibt. Man kann z. B. danach fragen, wie sich mit möglichst wenigen Stationen eine Taktzeit von 11 Zeiteinheiten (ZE) realisieren lässt, sodass alle 11 ZE ein fertiggestelltes Werkstück das System verlässt. Eine Lösung dieses Problems ist in Abb. 2.13 dargestellt. Die einzelnen Arbeitselemente sind so auf 4 Stationen aufgeteilt, dass keiner der 4 Stationen ein Arbeitsinhalt von mehr als 11 ZE zugewiesen ist. Damit kann eine Taktzeit von 11 ZE realisiert werden.

Da die einzelnen *Arbeitselemente* im Rahmen der Arbeitsverteilung vollständig einer Station zugewiesen werden müssen, kann es zu unvermeidbaren Leerzeiten an einzelnen Stationen kommen. Wird die Summe der Arbeitszeiten aller Arbeitselemente durch die

Abb. 2.12 Beispiel eines Vorranggraphen

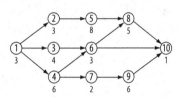

Abb. 2.13 Aufteilung der Arbeitselemente auf vier Stationen

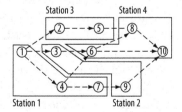

 **Abb. 2.14** Beziehung zwischen Taktzeit und Stationenzahl

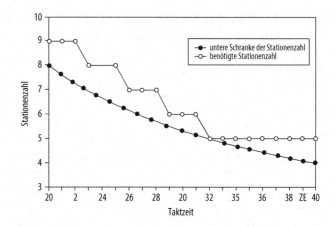

Taktzeit geteilt, so ergibt sich eine *untere Schranke* der benötigten Stationenzahl. Dies ist für den Fall eines Gesamtarbeitsvolumens je Produkteinheit von 160 ZE in Abb. 2.14 für Taktzeiten im Bereich von 20 bis 40 ZE dargestellt. Das Arbeitsvolumen von 160 ZE lässt sich auf mindestens 8 Stationen bei einer Taktzeit von 20 ZE oder auch auf mindestens 4 Stationen bei einer Taktzeit von 40 ZE aufteilen. Auf Grund der *Unteilbarkeitsbedingungen* für einzelne Arbeitselemente ist dagegen die tatsächlich benötigte Stationenzahl häufig höher. In diesem Fall sind nicht alle Stationen des FPS zu 100% ausgelastet.

Zur Lösung des Problems der *Arbeitsverteilung* oder *Fließbandabstimmung* stehen zahlreiche leistungsfähige Verfahren zur Verfügung [Dom97; Küp04; Sch95a]. Auf PC lassen sich damit optimierte Zuordnungen der Arbeitselemente zu den Stationen in vernachlässigbar kurzer Rechenzeit ermitteln. Kommerziell verfügbare Software zur Fließbandabstimmung enthält jedoch nicht notwendigerweise systematische Planungsverfahren. So unterstützt der *Maynard Assembly Manager* lediglich eine manuelle Zuordnung von Arbeitselementen zu Stationen über eine grafische Benutzeroberfläche [Fin98].

In praktischen Fällen sind i. d. R. weitere *Nebenbedingungen* zu berücksichtigen. So kann es zwingend erforderlich sein, bestimmte Arbeitselemente unmittelbar nacheinander durchzuführen oder es kann im entgegengesetzten Fall technisch unmöglich sein, bestimmte Arbeitselemente an einer Station zusammenzufassen.

Fließproduktionssysteme werden häufig auch verwendet, um ein Spektrum oder eine Familie eng verwandter Produkte (Varianten) in großen Stückzahlen herzustellen. In diesem Fall kann die Arbeitsverteilung zunächst für eine *fiktive Mischvariante* erfolgen, über welche die *mittleren* Belastungen der Arbeitsstationen erfasst werden. In Abb. 2.15 sind die Vorranggraphen dreier Varianten eines Produkts gegeben, die jeweils 25%, 25% und 50% Anteil am Produktionsvolumen haben mögen. Fasst man die drei Graphen durch Überlagerung zusammen, so erhält man für die Mischvariante den Graphen in Abb. 2.12.

Die *Bearbeitungszeiten* der Arbeitselemente in der Mischvariante ergeben sich als die gewichtete Summe der Bearbeitungszeiten für die einzelnen Varianten. Benötigt z. B. das Arbeitselement 1 bei den Varianten 2 und 3 jeweils 2 ZE bzw. 5 ZE, so ist die mittlere

Abb. 2.15 Vorranggraphen
dreier Varianten

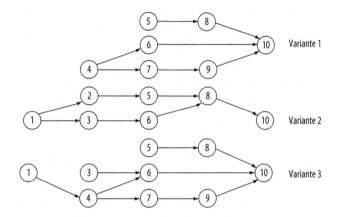

Bearbeitungsdauer (in ZE) von Arbeitselement 1 der Mischvariante 0,25 • 0 + 0,25 • 2 + 0,5 • 5 = 3. Man kann nun zunächst eine Arbeitsverteilung für diese fiktive Mischvariante vornehmen. Im realen System sind jedoch die realen Varianten zu fertigen, die die einzelnen Stationen unterschiedlich stark belasten. Aus diesem Grund ist es dann noch erforderlich, eine sich wiederholende Reihenfolge der Varianten zu ermitteln, sodass die erforderlichen Produktmengenanteile erreicht werden und sich die unterschiedlichen Belastungen der Stationen durch die Varianten über einen Zyklus hin ausgleichen können.

2.2.3.2 Pufferverteilung

Wenn während des Produktionsprozesses durch zufällige Schwankungen der Bearbeitungszeiten Unterbrechungen im Materialfluss auftreten, so können sich diese in Systemen ohne Puffer schnell über das gesamte System ausbreiten. Die so entstehenden Produktivitätsverluste lassen sich jedoch durch den gezielten Einsatz von *Puffern* eindämmen (s. Abschn. 2.2.2). Daher stellt die Frage der Verteilung und Dimensionierung von Puffern in einem FPS ein eigenständiges Entscheidungsproblem dar. Praktisch anwendbare Verfahren der Pufferverteilung in konkreten Fällen werden in Abschn. 2.2.5 angesprochen; hier steht zunächst die allgemeine Struktur optimierter Pufferverteilungen im Vordergrund.

Dazu wird zunächst ein idealisiertes FPS mit 6 Stationen und 5 Puffern betrachtet (vgl. Abb. 2.5). Die Mittelwerte und die Schwankungen der zufälligen Bearbeitungszeiten sind an allen Stationen identisch. Unter diesen Bedingungen führt die *gewinnmaximale Pufferverteilung* typischerweise zu einem Muster, das an eine umgedrehte Schüssel erinnert. Eine derartige Pufferverteilung z. B. gemäß dem Muster (9, 17, 19, 17, 9) sieht also 19 Pufferplätze zwischen den Stationen 3 und 4, aber nur 9 zwischen den Stationen 1 und 2 vor. Die erste Station kann zwar blockiert werden, sie kann aber nicht hungern. Die dritte Station dagegen kann sowohl hungern als auch blockiert werden und braucht damit mehr Puffer als die erste oder letzte Station.

Wenn alle Stationen hinsichtlich der effektiven Bearbeitungszeiten sehr ähnlich sind, dann werden die Puffer tendenziell über das gesamte System verteilt. Anders ist es, wenn eine der Stationen einen *Engpass* darstellt. In diesem Fall wirken die vor- und nachgelagerten schnelleren Stationen selbst wie Puffer. In der Regel werden hier lediglich in der unmittelbaren Nähe der Engpassstation einige Puffer benötigt. Wenn der Engpass stets arbeitet, so können zusätzliche Puffer keine Steigerung der Produktionsrate bewirken. Als Faustregel kann gelten, dass Puffer dort benötigt werden, wo Engpässe vorliegen und Stockungen im Materialfluss auftreten oder verstärkt werden. Dies kann z. B. auch durch Montageprozesse hervorgerufen werden, bei denen bereits das Fehlen einer Materialart zum Stillstand der Station führt.

Mit der Pufferverteilung werden i. Allg. Zahlungsströme beeinflusst, weil einerseits Auszahlungen für die Puffer notwendig sind, deren Einsatz aber andererseits über einen Anstieg der Produktionsrate zu erhöhten Einzahlungen führen kann. Aus diesem Grund stellt die Pufferverteilung grundsätzlich ein *Investitionsproblem* dar, das mit der Kapitalwertmethode oder äquivalenten Methoden zu lösen ist. In einfachen Modellen und Verfahren der Pufferverteilung wird dagegen lediglich gefragt, wie eine gegebene Gesamtzahl von Puffern so zu verteilen ist, dass die maximale Produktionsrate erzielt wird, oder wie eine gegebene Mindestproduktionsrate mit minimaler Gesamtpufferzahl erreicht werden kann. Dabei bleibt jedoch die Frage unberücksichtigt, ob das System bei der einen oder anderen Lösung überhaupt mit Gewinn oder Verlust arbeitet.

2.2.4 Verfahren zur Leistungsbewertung gegebener Fließproduktionssysteme

2.2.4.1 Simulationsverfahren

Zur ökonomischen Beurteilung einer neuen oder veränderten FPS-Konfigurationsalternative werden klare Vorstellungen über deren Leistungsverhalten benötigt. In einer *Simulation* (s. Kap. Simulation logistischer Systeme) wird dazu das dynamische Verhalten des Systems mit Hilfe eines Computermodells gewissermaßen „im Zeitraffer" durchgespielt; Simulation ist somit „computergestütztes Probieren". Dazu steht eine Reihe von sehr flexiblen Simulationssystemen zur Verfügung [Swa99].

Diese Systeme haben i. d. R. grafische Benutzeroberflächen, sodass der Anwender während des Modellierungsprozesses für ein FPS lediglich grafische Symbole für Stationen und Puffer miteinander verknüpfen muss. Für die Modellierung der Bearbeitungszeiten wird eine Vielfalt von Verteilungen angeboten, deren sinnvolle Anwendung jedoch gewisse Grundkenntnisse in Statistik und Wahrscheinlichkeitsrechnung voraussetzt.

Wird ein FPS über einen beliebigen Zeitraum simuliert, ergibt sich u. a. ein Wert für die Gesamtzahl der in diesem Zeitraum hergestellten Produkteinheiten. Dieser Wert ist jedoch das Ergebnis eines *Zufallsexperiments*, wenn irgendeine Zufallskomponente im Modell existiert. Ein weiterer Simulationslauf liefert dann ein anderes Ergebnis. Sollen nun aus den Modellexperimenten zuverlässige Schlüsse auf das Verhalten des realen Systems gezogen werden, ist eine Analyse der Modellexperimente mit Methoden der schließenden Statistik notwendig. Auf diesem Weg sind z. B. Konfidenzintervalle [Ble14: 85ff.] für

Produktionsraten, die eine begründete Aussage erlauben, welche von zwei alternativen Systemkonfigurationen besser in Bezug auf eine Zielgröße ist, ermittelbar.

Es sollten demnach für die Leistungsbewertung stochastischer dynamischer (Fließproduktions-) Systeme i. d. R. mehrere *Simulationsläufe* durchgeführt werden, um eine einzelne Systemkonfiguration zuverlässig beurteilen zu können. Das kann Rechenzeiten im Bereich von Minuten bis Stunden auf den gegenwärtig verfügbaren PC verursachen. Soll eine möglichst günstige Pufferverteilung in einem FPS gefunden werden, dann müssen zahlreiche fast identische *Systemkonfigurationen* verglichen werden. Das führt bei einer Leistungsbewertung durch Simulation i. Allg. zu einem prohibitiv hohen Rechenaufwand, dass eine systematische Optimierung unterbleibt.

2.2.4.2 Analytische Verfahren

Mit analytischen Verfahren zur Leistungsbewertung berechnet man Produktionsraten und Bestände eines stochastischen FPS durch *logische Schlüsse aus den Modellannahmen*, anstatt das dynamische Verhalten des Systems in Simulationsexperimenten zu beobachten. Gl. (2.3) ist ein einfaches Beispiel für diese analytische Vorgehensweise. Wenn für ein dynamisches stochastisches System wie ein FPS derartige Formeln existieren, dann können mit diesen die Leistungsgrößen des Systems i. d. R. innerhalb von Sekundenbruchteilen exakt berechnen oder zumindest näherungsweise abgeschätzt werden, während eine hinreichend präzise Simulation mit dem gleichen Computer Minuten oder Stunden an Rechenzeit benötigt. Liegt ein geeignetes analytisches Verfahren zur Leistungsbewertung vor, so ist es daher den Simulationsverfahren vorzuziehen.

Die Entwicklung *analytischer Verfahren* ist dagegen typischerweise anspruchsvoller als die Entwicklung eines Simulationsmodells und erfordert u. a. gute Kenntnisse in Wahrscheinlichkeitsrechnung und Warteschlangen- bzw. Bedientheorie (s. Kap. Bedientheoretische Modellierung logistischer Systeme). Die Modellannahmen analytischer Verfahren sind tendenziell enger als in Simulationsmodellen. Simulationsmodelle haben also den Vorteil größerer Flexibilität. In ihnen können auch Sachverhalte berücksichtigt werden, die in analytischen Verfahren zumindest bislang noch nicht berücksichtigt werden konnten. In dieser Flexibilität liegt jedoch auch die Gefahr, dass unerfahrene Anwender von Simulationssoftware unnötig detaillierte und komplexe Simulationsmodelle erstellen. Dadurch verlängern sich die Modellentwicklungszeiten ebenso wie die reine Rechenzeit der Simulationsexperimente.

Analytische Verfahren zur Leistungsbewertung von FPS liefern oft nur Näherungswerte für die interessierenden Kenngrößen des FPS. In den zugrunde liegenden *Näherungsverfahren* zerlegt man i. d. R. ein Gesamtsystem in mehrere kleinere Teilsysteme, weil für derartige Teilsysteme eine Leistungsbewertung oft problemlos möglich ist, dies für das Gesamtsystem i. d. R. jedoch nicht gelingt. So kann z. B. das FPS in der oberen Hälfte von Abb. 2.16 in die 3 künstlichen Teilsysteme in der unteren Hälfte der Abbildung zerlegt werden. Das künstliche 2-Maschinen-System mit den Maschinen $M_u(2, 3)$ und $M_d(2, 3)$ bildet den Materialfluss durch den Puffer zwischen den Maschinen 2 und 3 des realen Systems ab. In einem *Dekompositionsansatz* versucht man dann die Eigenschaften

Abb. 2.16 Beispiele einer
Dekomposition

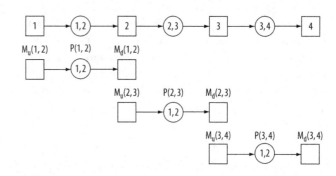

der fiktiven Maschine M_u (2, 3) so zu bestimmen, dass ein fiktiver Beobachter den Materialfluss durch den Puffer zwischen den Maschinen 2 und 3 des realen Systems nicht von dem Fluss durch den fiktiven Puffer P (2, 3) zwischen den Maschinen M_u (2, 3) und M_d (2, 3) unterscheiden kann. Gelingt dies für alle Puffer des realen FPS, dann kann aus den Leistungsgrößen der künstlichen 2-Maschinen-Systeme auf das Verhalten des zugrunde liegenden mehrstufigen Systems geschlossen werden. Einen Überblick zu diesen Verfahren geben [Dal92] und [Kuh97]; Details sind in [Buz93; Pap93; Ger94; Kuh98 und Hel99] zu finden.

Einige wichtige und leistungsfähige Verfahren zur analytischen Leistungsbewertung sind in der Software *POM Flowline Optimizer* implementiert [Tem14]. Eines der Verfahren beruht auf einer Zerlegung von FPS in GI/G/1 Warteschlangensysteme und erlaubt damit die Modellierung allgemein verteilter Bearbeitungszeiten [Buz93; Buz95], was v. a. für die Analyse von Systemen mit einem hohen Anteil von Handarbeitsplätzen zweckmäßig ist. Ein anderes implementiertes Verfahren ist speziell für die Analyse automatisierter FPS geeignet, in denen die Bearbeitungszeiten zwar weitgehend konstant sind, jedoch zufällige Maschinenausfälle und Reparaturen stattfinden [Dal88; Bur95]. Fließproduktionssysteme mit nichtlinearem Materialfluss entstehen, wenn Montageprozesse wie in Abb. 2.6 erforderlich sind oder im Zuge von Qualitätskontrollen fehlerhafte Werkstücke an spezialisierten Stationen nachbearbeitet oder verschrottet werden [Hel99; Hel00].

2.2.5   Verfahren zur Optimierung von Fließproduktionssystemen

Die Arbeitsverteilung und die Pufferverteilung sind die zentralen Entscheidungsprobleme bei der Gestaltung von *stochastischen FPS*. Im Fall fehlerhafter Produktion muss zusätzlich noch entschieden werden, an welchen Stellen im System die Durchführung von Qualitätskontrollen sinnvoll ist und wie mit den fehlerhaften Werkstücken verfahren wird.

Zur isolierten Arbeitsverteilung unter der Annahme konstanter Bearbeitungszeiten steht eine Vielfalt von Verfahren zur Verfügung (vgl. Abschn. 2.2.3). Leistungsfähige Ansätze zur Pufferverteilung bei gegebener Arbeitsverteilung existieren ebenfalls (siehe z. B. [Bür97] sowie die dort angegebene Literatur). Von zentraler Bedeutung für eine systematische Optimierung der Pufferverteilung sind Verfahren zur Bewertung *einzelner* gegebener Systemkonfigurationen, da eine große Zahl von möglichen Pufferverteilungen verglichen werden muss. Im Allgemeinen gelingt dies nur, wenn mit analytischen Bewertungsverfahren gearbeitet wird.

Aus den Abb. 2.10 und 2.11 wurde bereits deutlich, dass die Beziehungen zwischen Pufferanzahl und Produktionsrate einerseits sowie zwischen Produktionsrate und Kapitalwert der Investition andererseits stetig verlaufen. Damit ist es vergleichsweise einfach, durch numerische Gradientenverfahren diejenige Pufferverteilung zu ermitteln, bei welcher der Kapitalwert der Investition maximiert wird [Hel99a; Hel99b] oder bei der eine gegebene Puffergesamtzahl so verteilt wird, dass die maximale Produktionsrate erreichbar ist [Sch95b; Ger00].

Die Problembereiche der Arbeitsverteilung und der Pufferverteilung können auch gemeinsam betrachtet werden [Bür97: 209ff.]. Auf diese Weise lässt sich die Beziehung zwischen der Anzahl an Puffern und der Anzahl an Bearbeitungsstationen berücksichtigen. Wenn man bei einer gegebenen Taktzeit die Anzahl der Bearbeitungsstationen erhöht, wird dadurch zunächst die Auslastung des Systems reduziert. Als Konsequenz daraus lassen sich wiederum Pufferplätze einsparen. Besonders günstig ist es, den mittleren Stationen des Systems geringere Arbeitsinhalte zuzuweisen, weil diese tendenziell am stärksten durch Hungern und Blockieren auf Grund zufälliger Unterbrechungen im Materialfluss behindert werden. Man kann also entweder bei gleicher Arbeitslast je Station die mittleren Puffer größer dimensionieren als die äußeren oder bei gleichen Puffergrößen den mittleren Stationen geringere Arbeitsinhalte zuweisen.

2.3   Konfigurationsplanung bei Zentrenproduktion

2.3.1   Begriff der Zentrenproduktion

Zwischen den beiden Organisationsformen der Fließ- und Werkstattproduktion befindet sich die Organisationsform der *Zentrenproduktion*, die sich durch zwei Merkmale auszeichnet: Zum einen wird eine bestimmte, eng umgrenzte Menge von Erzeugnisvarianten zu einer Erzeugnisfamilie zusammengefasst. Zum anderen werden unterschiedliche Typen von Arbeitssystemen, die zur Produktion der Erzeugnisfamilien benötigt werden, räumlich nah und organisatorisch günstig gruppiert. Damit versucht man, die Vorteile der Fließproduktion mit den Vorteilen der Werkstattproduktion zu verbinden, ohne sich dabei die jeweiligen Nachteile einzuhandeln [Gün16: Kap. 7].

Im Hinblick auf den Automatisierungsgrad werden zwei grundsätzliche Formen der Zentrenproduktion unterschieden: Nicht automatisierte Produktionszentren werden als *Produktionsinseln*, automatisierte als *Flexible Fertigungssysteme* (FFS) bezeichnet. In Produktionsinseln werden vorwiegend konventionelle Maschinen und Ressourcen in räumlicher Nähe zueinander aufgestellt und der Werkstückfluss wird manuell realisiert. In Flexiblen Fertigungssystemen findet demgegenüber eine automatisierte

Komplettbearbeitung unterschiedlicher Erzeugnisse statt. Dazu werden die für die Bearbeitung der Erzeugnisse notwendigen CNC Maschinen (CNC Computerized Numerical Control) mit einem automatisierten Transportsystem verbunden und der gesamte Produktionsablauf mit Hilfe eines dezentralen EDV Systems gesteuert.

2.3.2 Konfigurationsplanung von Produktionsinseln

2.3.2.1 Begriff und Idee der Inselproduktion

Die Organisationsform der Inselproduktion entsteht durch eine *objektorientierte Segmentierung* der zur Herstellung des Erzeugnisprogramms notwendigen Arbeitssysteme. Als Objekte werden dabei im Gegensatz zur Fließproduktion nicht einzelne Erzeugnisse, sondern Gruppen verwandter Erzeugnisse – sog. „Erzeugnisfamilien" – betrachtet. Eine *Erzeugnisfamilie* umfasst Teile oder Produkte, die einen ähnlichen Produktionsablauf aufweisen. Zur Umsetzung der Idee der Inselproduktion werden die Maschinen und Ressourcen, die zur Herstellung einer Erzeugnisfamilie benötigt werden, räumlich und organisatorisch zusammengeführt, sodass innerhalb der Maschinengruppe eine vollständige Herstellung der Erzeugnisse ermöglicht wird. Eine derartige Maschinengruppe, die sich vorwiegend aus konventionellen Maschinen und Anlagen zusammensetzt, wird als „Produktionsinsel" bezeichnet. Der Materialfluss innerhalb einer Produktionsinsel wird i. d. R. manuell realisiert. Planende, ausführende und überwachende Tätigkeiten werden von den Mitarbeitern einer Insel eigenverantwortlich durchgeführt, wobei die *Integration dispositiver Aufgaben* in den Tätigkeitsbereich der Arbeitsgruppe ein wesentliches Kennzeichen einer autonom agierenden Produktionsinsel ist.

Das Thema *Produktionsinseln* gewinnt z. Z. auf Grund der aktuell propagierten Konzepte der „Schlanken Produktion", der „Fertigungssegmentierung" oder der „Modularen Fabrik" und der hiermit verbundenen organisatorischen Veränderungen im Produktionsbereich erheblich an Bedeutung. In allen diesen Konzepten bilden Produktionsinseln ein wesentliches Element der organisatorischen und produktionslogistischen Neugestaltung der betrieblichen Leistungserstellung.

Ausgangspunkt der Einführung von Produktionsinseln ist häufig ein ineffizient arbeitendes Werkstattproduktionssystem. Abb. 2.17 zeigt ein Werkstattproduktionssystem mit den Werkstätten Schleiferei (S), Dreherei (D), Bohrerei (B), Fräserei (F), Galvanik (G) und Wäscherei (W) sowie den Materialfluss für drei exemplarische Erzeugnistypen.

In einem ersten Planungsschritt werden die Erzeugnisse, die ähnliche Bearbeitungsanforderungen stellen, zu einer Erzeugnisfamilie zusammengeführt. Auf Grund der Bearbeitungsähnlichkeit der Erzeugnisse einer Erzeugnisfamilie ist zu vermuten, dass zwischen den einzelnen Erzeugnissen einer Familie lediglich *kleinere Umrüstungen* erforderlich werden als zwischen den Erzeugnissen unterschiedlicher Familien. Die gemeinsame Herstellung von Produktionsaufträgen einer Erzeugnisfamilie führt somit zu kürzeren Rüstzeiten und zur Reduzierung des Bedarfs an Rüstkapazitäten.

Abb. 2.17 Organisationsform
der Werkstattproduktion

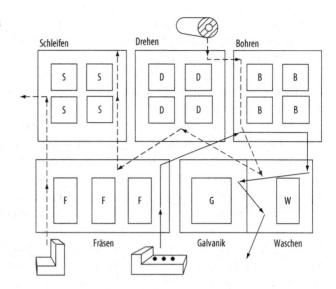

Abb. 2.18 Organisationsform der
Inselproduktion

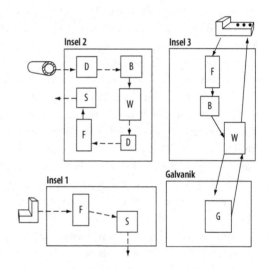

In einem Folgeschritt werden die Maschinen, die zur Herstellung einer Erzeugnisfamilie benötigt werden, räumlich nahe beieinander angeordnet, sodass neben den Einsparungen im Rüstprozess die notwendigen Transportwege verringert werden. Abb. 2.18 zeigt
für das Beispiel aus Abb. 2.17 eine mögliche *Aufteilung des Werkstattproduktionssystems*
in 3 Produktionsinseln, wobei nicht alle Erzeugnisfamilien innerhalb einer Insel komplett
bearbeitet werden können.

2.3.2.2 Vorteile und Voraussetzungen der Inselproduktion

Die Beschreibung der grundsätzlichen Idee der Inselproduktion zeigt, dass die Umstel-
lung einer verrichtungsorientierten Werkstattproduktion zu einer *objektorientierten*

Inselproduktion die Rüst- und Transportzeiten verkürzt. Kürzere Rüst- und Transportzeiten ermöglichen kleinere Produktions- bzw. Transportlosgrößen, die sich wiederum positiv auf die Zwischenlagerbestände und die Auftragsdurchlaufzeiten auswirken. Darüber hinaus verringert sich der Bedarf an Transportmitteln, da die meisten Transporte innerhalb einer Insel stattfinden. Entsprechend werden sich die mit diesen Größen verbundenen Kosten reduzieren.

Neben diesen vorwiegend produktionswirtschaftlich motivierten Vorteilen der Inselproduktion ergeben sich durch die Einführung der Inselproduktion auch aus *arbeitsorganisatorischer Sicht* mehrere Verbesserungen [Pic97]. Zum einen werden Einsparungen im Planungsaufwand erreicht, da ein Großteil der Planungs- und Steuerungsaufgaben dezentral den einzelnen Produktionsinseln zugeordnet wird und sich somit die Komplexität dieser Aufgaben im übergeordneten zentralen PPS System verringert. Zum anderen vergrößert die Verlagerung der dispositiven Tätigkeiten in die Arbeitsgruppe den Entscheidungs- und Handlungsspielraum der beteiligten Mitarbeiter, sodass innerhalb der Arbeitsgruppe mit positiven Motivations- und Flexibilitätseffekten zu rechnen ist.

Entsprechende positive Effekte ergeben sich durch die *Qualifizierung der Mitarbeiter* für unterschiedliche Arbeitsplätze und für bislang zentral durchgeführte Tätigkeiten wie Instandhaltung und Qualitätssicherung. In der Regel werden einer Produktionsinsel mehr Maschinen als Arbeitskräfte zugeordnet. Zum Vollzug der anstehenden Arbeitsaufgaben und zur gleichmäßigen Auslastung der Arbeitskräfte ist es daher erforderlich, dass die Mitarbeiter unterschiedliche Maschine bedienen können. Die Übertragung von Instandhaltungstätigkeiten an die Mitarbeiter der Arbeitsgruppe bietet demgegenüber den Vorteil, dass Maschinenausfälle schneller behoben werden und die Mitarbeiter in Zeiten geringer Arbeitslast Wartungsarbeiten ausführen können. Die organisatorischen Veränderungen im Rahmen der Inselproduktion führen insgesamt dazu, dass sich die Mitarbeiter mit ihrer Arbeitsaufgabe stärker identifizieren und so zusätzlich mit einer höheren Produktqualität zu rechnen ist.

Ein Nachteil der Inselproduktion besteht jedoch darin, dass im Gegensatz zur Werkstattfertigung kein kurzfristiger Ausgleich der Arbeitsbelastungen zwischen identischen Maschinen stattfinden kann, da diese i. Allg. unterschiedlichen Produktionsinseln zugeordnet wurden. Beispielsweise kann die Situation eintreten, dass ein bestimmter Maschinentyp in einer Produktionsinsel unbeschäftigt ist, während sich vor demselben Maschinentyp einer anderen Produktionsinsel die Aufträge stauen. Die Möglichkeit eines *Kapazitätsausgleichs* zwischen den ersetzenden Maschinen in unterschiedlichen Inseln besteht daher nicht [Hel03]. In zahlreichen theoretischen Studien wurde auf der Basis eines Simulations- oder analytischen Modells der Einfluss dieses Effekts auf die Leistung eines Produktionssystems untersucht [Sur94; Kuh04]. Bei der Organisationsform der Inselproduktion ergaben sich dabei längere Auftragswartezeiten, höhere Bestände sowie längere Auftragsdurchlaufzeiten, obwohl mit der Einführung der Inselproduktion kürzere Rüst- und Transportzeiten verbunden waren als bei der vorhergehenden Werkstattproduktion.

Empirische Studien hingegen zeichnen ein äußerst positives Bild der Inselproduktion. In den meisten Untersuchungen wurden die mit der Einführung der Inselproduktion erwarteten Verbesserungen entweder erreicht oder sogar übertroffen [Wem97]. Der vermeintliche Widerspruch zwischen theoretischen und empirischen Studien hat mehrere Ursachen: In empirischen Studien werden i. d. R. die Leistungen einer neu implementierten Inselproduktion mit den Ergebnissen eines zuvor ineffizient betriebenen klassischen Systems verglichen. Darüber hinaus fehlen in empirischen Studien häufig negative Erfahrungsberichte, da Unternehmen mit unbefriedigenden Ergebnissen an empirischen Umfragen ungern teilnehmen oder nicht mehr am Markt vertreten sind. Demgegenüber lassen sich nicht oder nur schwer quantifizierbare Einflussfaktoren, wie Unterstützung des Top-Management, Qualifizierung und Selbstbestimmung der Mitarbeiter sowie Veränderungen in der Zusammensetzung der Arbeitsgruppe, nur schwer in eine Simulationsstudie integrieren.

2.3.2.3 Planungsschritte zur Realisierung der Inselproduktion

Ein mit der Bildung von Produktionsinseln häufig verbundener Begriff ist der der *Gruppentechnologie* (Group Technology), welcher durch die Arbeiten von Sokolowskij und Mitrofanow um 1930 in der ehemaligen UdSSR geprägt wurde [Mit60]. Unter Gruppentechnologie wird dabei eine Methodik verstanden, die unter Ausnutzung bestimmter Ähnlichkeiten der herzustellenden Erzeugnisse versucht, im Bereich der Serienproduktion Rationalisierungspotenziale in der Produktion aufzudecken und entsprechend umzusetzen. In Abhängigkeit von der Ausrichtung der konkreten Rationalisierungsmaßnahme wird diese Definition in der Literatur jedoch ganz unterschiedlich interpretiert [Ebe89: 77].

Prinzipiell lassen sich 4 Phasen der Anwendung gruppentechnologischer Prinzipien unterscheiden [Hel03; Gün16]:

- *Bildung der Erzeugnisfamilien*. In einer 1. Phase wird die im Produktionsprogramm enthaltene Gesamtheit der Teile und Erzeugnisse mit Hilfe von bestimmten Ähnlichkeitskriterien, v. a. Form- und Fertigungsähnlichkeiten, strukturiert und geordnet. Ergebnis der Planung ist eine Gruppierung der Erzeugnisse in Erzeugnisfamilien.
- *Maschinengruppierung*. Im Mittelpunkt der 2. Phase steht die Gestaltung des Produktionsapparats, d. h. die Auswahl der Arbeitssysteme, die zu einer Produktionsinsel zusammengefasst werden sollen.
- *Strukturplanung*. Gegenstand der 3. Phase ist die Anordnung der Arbeitssysteme innerhalb der Inseln (Layoutplanung), die Auswahl der Materialhandhabungsstrategie sowie die Anordnung der Inseln zueinander.
- *Arbeitsorganisatorische Gestaltung*. Die 4. Phase betrifft die arbeitsorganisatorische Gestaltung des Produktionssystems. In dieser Phase ist ein dezentrales Planungs- und Steuerungssystem zu entwerfen, die Schnittstelle zum zentralen PPS System festzulegen sowie die Auswahl und Schulung der Mitarbeiter im Hinblick auf die Arbeitsaufgaben in den jeweiligen Produktionsinseln vorzunehmen [Maß93].

Der spezifische Schwerpunkt dieses Abschnitts liegt bei dem Planungsproblem der *Identifizierung der Erzeugnisfamilien und Maschinengruppen*. Im Hinblick auf die

Planungsschritte der Layoutplanung, der Auswahl des Materialhandhabungssystems sowie der Entwicklung eines Planungs- und Steuerungssystems sei auf die Kap. Innerbetriebliche Logistiksysteme und Kap. Hierarchische Systeme der Produktionsplanung und -steuerung verwiesen.

2.3.2.4 Modelle und Lösungsansätze zur Bildung von Produktionsinseln

In der Literatur wird eine fast unübersehbare Anzahl von Verfahren und Lösungsansätzen zur Gruppierung von Erzeugnissen zu Erzeugnisfamilien sowie zur Zusammenfassung der hierfür notwendigen Maschinen und Ressourcen zu Produktionsinseln vorgeschlagen [Sin96; Rei97; Sur98, Ask13]. Diese Verfahren und Lösungsansätze können im Wesentlichen den folgenden 5 Verfahrensgruppen zugeordnet werden: Klassifizierungs- und Codierungssysteme, Analyse der Maschinen-Erzeugnis-Matrix, clusteranalytische Verfahren, lineare und nichtlineare Programmierung sowie spezialisierte Ansätze.

Klassifizierungs- und Codierungssysteme

Zur Systematisierung und Ordnung der Teile- und Erzeugnisvielfalt in einem Unternehmen wurden in der Vergangenheit Klassifizierungs- und Codierungssysteme entwickelt, die z. T. die besonderen Bedürfnisse spezifischer Unternehmensbereiche wie Konstruktion, Arbeitsplanung und Produktion berücksichtigen. Wesentliches Element eines Klassifizierungs- und Codierungssystems ist der *Teileschlüssel* (mehrstelliger Code aus Zahlen oder alphanumerischen Zeichen, Nummerungssystem), mit dessen Hilfe die Ähnlichkeit zwischen unterschiedlichen Teilen abgebildet wird. Die dabei betrachtete Art der Ähnlichkeit hängt von den Merkmalen ab, die den jeweiligen Stellen des Schlüssels zugeordnet werden, und den einzelnen Merkmalsausprägungen der Schlüsselwerte. Ein bereits in den 60er Jahren entwickelter und auf der Formähnlichkeit basierender neunstelliger Teileschlüssel ist das Klassifizierungssystem von Opitz [Opi71].

Da aus der Formähnlichkeit von Teilen nur bedingt auf deren Fertigungsähnlichkeit geschlossen werden kann, sind zur Bildung von Produktionsinseln spezielle fertigungsorientierte Schlüsselsysteme entwickelt worden [Bus78]. Darüber hinaus existieren weltweit ca. 75 weitere Klassifizierungs- und Codierungssysteme [Her97: Kap. 8].

Der hauptsächliche Zweck der Klassifizierungs- und Codierungssysteme besteht in der *effektiven datenbank-technischen Erfassung und Verwaltung* der in einem Unternehmen verwendeten und hergestellten Teile, um die Erzeugnisdatenbank für spezifische Auswertungen und Anwendungen nutzbar zu machen. Beispielsweise lassen sich mit Hilfe der Teilecodierung gezielte Analysen zur Reduzierung der Teilevielfalt durchführen oder es können die Erzeugnisse herausgefiltert werden, die sich für eine Typung oder Normung eignen. Weitere Anwendungsfelder liegen im Bereich der Konstruktion. Die Codierung ermöglicht es z. B., bei neu zu konstruierenden Erzeugnissen effizient auf bereits im Unternehmen bestehende Teile und Maschinenelemente zurückzugreifen. Entsprechende Vorteile existieren im Zuge der Erstellung technischer Arbeitspläne.

Zahlreiche Unternehmen in der fertigungstechnischen Industrie verfügen über ein Klassifizierungs- und Codierungssystem. Die Systeme wurden v. a. in den 80er Jahren auf

Grund ihrer damaligen großen Popularität eingeführt. Problematisch an den Systemen ist jedoch der erhebliche Aufwand zur Codierung der Erzeugnisse (5 bis 15 Minuten pro Teil), sodass mittlerweile neue Systeme nur sehr zögerlich eingeführt und bestehende Systeme nicht mehr sachgerecht gepflegt werden. Darüber hinaus besteht das Problem, dass sich das Unternehmen langfristig an den einmal festgelegten Schlüssel bindet. Werden Anpassungen auf Grund eines veränderten Werkstückspektrums erforderlich, führt dies zu Korrekturen an allen bisher er-fassten Teilen. Klassifizierungs- und Codierungssysteme konnten sich daher im Rahmen der Konfiguration von Produktionsinseln nicht durchsetzen.

Analyse der Maschinen-Erzeugnis-Matrix
Die Analyse der Maschinen-Erzeugnis-Matrix basiert auf der Produktionsflussanalyse (PFA Production Flow Analysis), die von Burbidge in den 60er Jahren vorgeschlagen wurde [Bur75; Bur96]. Die PFA ist das erste systematische Verfahren zur Anwendung gruppentechnologischer Prinzipien im Rahmen der Gestaltung von Produktionssystemen. In diesem Ansatz empfiehlt Burbidge ein zunächst 3 stufiges, später auf 5 Stufen erweitertes Vorgehen. Ein wesentliches Element seines mehrstufigen Vorgehens ist dabei die Bildung der Erzeugnisfamilien und die Abgrenzung einzelner Produktionsbereiche mit Hilfe einer Maschinen-Erzeugnis-Matrix [Man04].

In einer Maschinen-Erzeugnis-Matrix, auch Inzidenz-Matrix genannt, werden in den Spalten die Maschinen und in den Zeilen die Erzeugnisse (Teile) des zu analysierenden Produktionsbereichs dargestellt. Das Matrixelement a_{ki} wird „1" gesetzt, wenn Teil k an Maschine i bearbeitet wird (Abb. 2.19), sonst bleibt das Matrixelement leer oder erhält den Wert „0".

Die Informationen zur Generierung der Inzidenz-Matrix lassen sich aus den Arbeitsplänen der Erzeugnisse gewinnen. Mehrfach vorhandene funktionsgleiche Maschinen werden dabei nur einmal angeführt und somit wird die Anzahl vorhandener Maschinen eines Typs vernachlässigt. Der Anteil der Arbeitslast, den eine Erzeugnisart an der Gesamtbelastung eines Maschinentyps verursacht, sowie die Bearbeitungsreihenfolge bleiben unberücksichtigt.

Zur Auswertung der in einer Maschinen-Erzeugnis-Matrix enthaltenen Informationen wurden zahlreiche

Abb. 2.19 Maschinen-Erzeugnis-Matrix

Teil	A	B	C	D	E	F
1	1		1			1
2	1		1			1
3		1	1		1	
4		1		1	1	
5	1		1			
6		1	1			1
7		1		1	1	
8	1		1	1		

Abb. 2.20 Umsortierte Maschinen-Erzeugnis-Matrix mit blockdiagonaler Struktur

Teil	C	A	F	D	B	E
1	1	1	1			
2	1	1	1			
8	1	1	–	1		
5	1	1	–			
6	1	–	1		1	
3	1			–	1	1
4				1	1	1
7				1	1	1

Algorithmen vorgeschlagen [Sin96; Sur98], die sich auch zur Auswertung von sehr großen Matrizen eignen. Die Algorithmen versuchen über eine Umsortierung der Zeilen und Spalten eine blockdiagonale Matrixform zu erzeugen. Die entstehenden Blöcke auf der Hauptdiagonalen sollen dabei zum überwiegenden Teil aus Elementen mit der Ausprägung „1" bestehen, alle anderen Elemente der Matrix dagegen den Wert „0" aufweisen.

Anhand der räumlichen Konzentration von Matrixelementen mit der Ausprägung „1" lassen sich anschließend Maschinengruppen und darin zu bearbeitende Erzeugnisfamilien identifizieren (Abb. 2.20). Als Zielkriterium der Blockbildung wird dabei versucht, sowohl die Anzahl der „Ausreißerelemente" (Einträge mit einer „1" außerhalb eines Blockes) als auch die Anzahl der „Leerstellen" (keine Einträge innerhalb eines Blocks) zu minimieren.

Die Minimierung der Anzahl „Ausreißer" resultiert aus der Motivation, die Teile in einer Produktionsinsel möglichst vollständig zu bearbeiten und damit gleichzeitig die Anzahl der Transporte zwischen den zu bildenden Inseln (interzellulare Kontakte) so gering wie möglich zu halten. Mit dem Zielkriterium „minimale Anzahl Leerstellen" sollen demgegenüber bei der Bearbeitung der Erzeugnis-familie möglichst viele Maschinen der Insel zum Einsatz kommen. Würde lediglich das zuerst beschriebene Zielkriterium verfolgt werden, könnte sich als optimale Lösung die Zusammenfassung aller betrachteter Maschinen zu einer einzigen Produktionsinsel einstellen.

Problematisch an den Algorithmen zur Umsortierung der Maschinen-Erzeugnis-Matrix ist die Notwendigkeit, die Teilefamilien und Maschinengruppen *manuell* festzulegen. Die erzeugte block-diagonale Matrixstruktur liefert dafür lediglich erste Anhaltspunkte. Beispielsweise führt die in Abb. 2.21 dargestellte Blockstruktur zu einer identischen Gesamtanzahl von „Ausreißerelementen" und „Leerstellen" wie die in Abb. 2.20 gezeigte Aufteilung, nämlich genau zu 7 Elementen. Auf Grund der Problematik, alternative Gruppierungen im Hinblick auf gruppentechnologische Zielvorstellungen zu beurteilen, werden in der Literatur zahlreiche Bewertungskriterien zur Beurteilung der Güte einer Gruppierung vorgeschlagen [Sar99, Zol06. Nun14].

Darüber hinaus bleibt es dem Planer überlassen, ob er einen Maschinentyp, der für mehrere Erzeugnisfamilien benötigt wird, auch in mehreren Produktionsinseln bereitstellt

Abb. 2.21 Umsortierte Maschinen-Erzeugnis-Matrix mit alternativer Blockstruktur

Teil	C	A	F	D	B	E
1	1	1	1			
2	1	1	1			
8	1	1		1		
5	1	1				
6	1			1	1	
3	1			–	1	1
4				1	1	1
7				1	1	1

Maschine

oder nicht. Neben technischen Einflussgrößen sind für diese Entscheidung v. a. ökonomische Kriterien ausschlaggebend, die jedoch in den Ansätzen der Matrixsortierung grundsätzlich unberücksichtigt bleiben.

In der Realität kann es schwierig sein, mit Hilfe einer sortierten Maschinen-Erzeugnis-Matrix überhaupt eine systematische Struktur zu erkennen. Günther und Tempelmeier [Gün16] beschreiben einen Praxisfall aus der Teilefertigung eines Herstellers von Druckmaschinen mit einer Größenordnung von 750 Maschinen und 20 000 unterschiedlichen Teilen, bei dem sich anhand der umsortierten Matrix keinerlei Struktur erkennen ließ.

Clusteranalyse

Sie zählt zu den multivariaten statistischen Analyseverfahren, mit der viele Verfahren bezeichnet werden [Kau96, Eve11]. Das Ziel aller Verfahren besteht darin, eine Menge zu analysierender Objekte derart in Klassen (Cluster) zu gruppieren, dass zum einen in jedem Cluster Objekte zusammengefasst werden, die hinsichtlich der jeweils betrachteten Merkmale eine hohe Ähnlichkeit aufweisen, und zum anderen die Elemente verschiedener Cluster sich möglichst stark unterscheiden.

Die Clusteranalyse bietet sich damit unmittelbar an, potenzielle Produktionsinseln (Cluster) aus der Menge der vorhandenen Maschinentypen (Objekte) auf Basis der von den einzelnen Maschinentypen bearbeiteten Erzeugnisse zu bilden. Entsprechend können auch die einzelnen Erzeugnisse als zu gruppierende Objekte betrachtet werden.

Gruppierungsobjekte können somit sowohl die Maschinentypen als auch die Erzeugnisse sein, wobei im Anschluss an die durchgeführte Clusterung die Erzeugnisse bzw. die Maschinen den jeweiligen Gruppen noch zugeordnet werden müssen. Dieses sequenzielle Vorgehen kann zu Problemen führen, wenn beispielsweise die Zuordnung der Erzeugnisse zu den zuvor gebildeten Maschinengruppen nicht gelingt und somit die Maschinengruppierung erneut durchgeführt werden muss. Dennoch bieten clusteranalytische Verfahren erhebliche Vorteile, da auf Grund ihrer allgemeinen Verwendbarkeit ein großes Angebot an Standardsoftware zur Durchführung derartiger Analysen zur Verfügung steht.

In der Regel werden die Maschinentypen als Gruppierungsobjekt gewählt, wobei zur Beschreibung der Ähnlichkeit (oder auch Unähnlichkeit) zwischen einem Paar von

Maschinen ganz unterschiedliche Ähnlichkeitsmaße definiert werden [Her97: Kap. 8; Sha93; Yin06].

Im 1. Schritt der Clusteranalyse werden alle Maschinen einem eigenen Cluster zuge-ordnet und dann das Paar von Maschinen (Cluster) mit dem größten Ähnlichkeitswert einem gemeinsamen Cluster zugeordnet. Anschließend werden neue Ähnlichkeitskoeffi-zienten ermittelt, wobei das gerade gebildete Cluster als „neue Maschine" interpretiert wird. Entsprechend dem vorhergehenden Verfahrens-schritt werden wieder die beiden Objekte mit dem größten Ähnlichkeitswert ausgesucht und einem gemeinsamen Cluster zugeführt. Dies kann entweder bedeuten, dass ein Cluster aus 2 einzelnen Maschinen gebildet wird oder dass der bereits bestehenden Maschinengruppe eine weitere Maschine zugeordnet wird. Anschließend werden erneut Koeffizienten berechnet und das Verfahren wird solange fortgesetzt, bis ein Grenzwert für die geforderte Ähnlichkeit der Maschinen in einem Cluster erreicht wurde oder die Anzahl der gebildeten Cluster der gewünschten Gruppenanzahl entspricht. Auf Grund der sukzessiven Zusammenfassung der Maschinen bzw. Cluster wird das Verfahren auch als *hierarchische* Clusteranalyse bezeichnet.

Die Ergebnisse eines Verfahrens der Clusteranalyse können entsprechend den Ergeb-nissen der Algorithmen zur Sortierung der Maschinen-Erzeugnis-Matrix nur erste, meist grobe Hinweise für die endgültige Entscheidung über die zu bildenden Produktionsinseln geben. Viele relevante Faktoren, wie die Kapazitätsbelastung der Maschinen in einer Insel, die Verfügbarkeit mehrerer Maschinen eines Typs und ökonomische Zielgrößen, bleiben bei beiden Ansätzen unberücksichtigt [Maß99].

Lineare und nichtlineare Optimierung

Eine weitere Gruppe von Ansätzen lässt sich der Verfahrensgruppe der linearen und nichtlinearen Optimierung zurechnen [Chu95; Mah07]. Ausgangspunkt dieser Ansätze ist nicht, wie bei den bisher dargestellten Lösungsansätzen, eine intuitive Formulierung der Aufgabenstellung, sondern eine formale Beschreibung der Problemstellung mit Hilfe eines mathematischen Modells, das aus einer Zielfunktion und mehreren Nebenbedingun-gen besteht.

Dieses Vorgehen offenbart zum einen, welches konkrete Ziel und welche Restriktionen im Zuge der formalen Bildung der Maschinengruppen und Erzeugnisfamilien verfolgt bzw. berücksichtigt werden. Zum anderen erlauben diese Ansätze die Abbildung speziel-ler praxisrelevanter Bedingungen, wie maximale Anzahl zu bildender Inseln, obere und untere Grenzwerte für die Anzahl Maschinen und/oder Arbeitskräfte in einer Insel, Ver-fügbarkeit mehrerer Maschinen eines Typs, alternative Arbeitspläne usw.

Darüber hinaus besteht die Möglichkeit, eine ökonomisch fundierte, eventuell sogar auf Kapitalwerten basierende Zielfunktion zu formulieren. Eine derartige Ziel-funktion würde dem strategischen Charakter des zu Grunde liegenden, teilweise mit Investitions-entscheidungen verbundenen und für die langfristige Wettbewerbsfähigkeit des Unterneh-mens entscheidenden Planungsproblems entsprechen.

Beispiele für eine umfassende Modellformulierung sind in [Sel98; Def06] zu finden. Der Zweck einer umfassenden Formulierung liegt jedoch nicht darin, das Modell anschließend mit Standardmethoden möglichst exakt zu lösen, sondern in der Möglichkeit, das betrachtete Entscheidungsproblem zu formalisieren und damit zu strukturieren. Zur Lösung der formulierten Problemstellung sind dann i. d. R. heuristische Verfahren zu entwickeln (s. Kap. Bedientheoretische Modellierung logistischer Systeme).

Spezialisierte Verfahren

Ausgehend von einer dem realen Problem möglichst nahe kommenden Problem- und/ oder Modellformulierung werden in der Literatur zahlreiche *heuristische Verfahren* zur Bildung von Erzeugnisfamilien und Maschinengruppen vorgeschlagen. Diese Ansätze berücksichtigen besondere, auf eine praktische Anwendung bezogene Bedingungen, wie Bearbeitungszeiten der Erzeugnisse, Erzeugnismengen, Rüstzeiten, Kapazitätsbeschränkungen, Verfügbarkeit mehrerer Maschinen eines Typs, Raumbedarf, Werkzeugbedarf, Personalbedarf usw. Neuere Ansätze versuchen sogar die dynamische Entwicklung der Produktnachfrage und die damit verbundene dynamische Zusammensetzung des Produktionsprogramms zu erfassen [Wic99; Jeo06; Bal07].

Die vorgeschlagenen Verfahren lassen sich in Eröffnungs- und Verbesserungsverfahren unterscheiden. *Eröffnungsverfahren*, die anhand der gegebenen Problemsituation eine erste zulässige Gruppierung erzeugen, werden u. a. in [Bal87; Ask93: Kap. 6; Her97: Kap. 9] vorgeschlagen.

Verbesserungsverfahren versuchen, eine bestehende Lösung im Hinblick auf das angestrebte Zielkriterium günstiger zu gestalten. Dazu werden v. a. Metastrategien, wie Simulated Annealing, genetische Algorithmen, Neuronale Netze oder Tabu Search, gewählt [Sin96: Kap. 6; Ven99; Sol04; Saf08; Wu07, Sol11, Lia14].

Problematisch an der überwiegenden Anzahl der vorgeschlagenen Verfahren ist jedoch, dass diese von einer rein deterministischen Entscheidungssituation ausgehen und die *stochastisch-dynamische Situation* im Produktionssystem vollständig vernachlässigen. Vor allem auf Grund der langfristigen Entscheidungssituation sollten stochastische Aspekte bei der Bewertung unterschiedlicher Konfigurationsalternativen Beachtung finden. In der Regel variieren die Bearbeitungszeiten zwischen aufeinander folgenden Produktionsaufträgen. Darüber hinaus treffen die Produktionsaufträge zu wechselnden Zeitpunkten in den Produktionsinseln ein. Die Vernachlässigung dieser Sachverhalte bei der Konfigurationsentscheidung kann dazu führen, dass Maschinen und Ressourcen zu Inseln gruppiert werden, die sich später als unwirtschaftlich erweisen oder mit denen die angestrebte Verkürzung der Auftragsdurchlaufzeiten und die erwartete Reduzierung der Zwischenlagerbestände nicht realisiert werden kann.

Es wurde bereits erwähnt, dass die Organisationsform der Inselproduktion im Gegensatz zur Werkstattproduktion keinen kurzfristigen Kapazitätsausgleich zwischen identischen Maschinen unterschiedlicher Inseln erlaubt. Diese für die Inselproduktion nachteilige Situation lässt sich jedoch ausschließlich mit einem stochastisch-dynamischen Modell abbilden. Zur Berücksichtigung stochastisch-dynamischer Gegebenheiten im Zuge der Konfigurationsplanung von Produktionsinseln eignen sich *Simulationsmodelle* (s. Kap. Simulation logistischer Systeme) oder auf mathematischen Beziehungen basierende *Warteschlangen-Netzwerkmodelle* (s. Kap. Bedientheoretische Modellierung logistischer Systeme).

2.3.3 Konfigurationsplanung von Flexiblen Fertigungssystemen

2.3.3.1 Begriff und Aufbau Flexibler Fertigungssysteme

Ein Flexibles Fertigungssystem (FFS) ist ein Produktionssystem, das aus einer Menge von ersetzenden und/oder ergänzenden numerisch gesteuerten Maschinen (NC Maschinen) besteht, die durch ein automatisiertes Transportsystem miteinander verbunden werden. Sämtliche Vorgänge in einem FFS werden von einem systemeigenen Rechner zentral gesteuert. Das FFS ist in der Lage, ein begrenztes Spektrum fertigungsähnlicher Werkstücke in fast wahlfreier Reihenfolge ohne nennenswerte Verzögerungen durch Umrüstvorgänge zu bearbeiten. Dies wird möglich, da die erforderlichen NC Programme (Arbeitspläne) und die jeweils benötigten Werkzeuge unmittelbar an den Maschinen zur Verfügung stehen und die Werkstücke im Bearbeitungsraum der Maschinen relativ schnell justiert werden können. Die kurzfristige Bereitstellung der NC Programme an den Bearbeitungseinrichtungen wird über die informationstechnische Verknüpfung aller Systemkomponenten mit dem zentralen FFS Rechner erreicht.

Werkzeuge werden dagegen in lokalen Werkzeugmagazinen direkt an den Maschinen bereitgestellt. Die Verwendung standardisierter Werkstückträger (Paletten) ermöglicht es, die Werkstücke im Bearbeitungsraum der Maschinen schnell und automatisiert zu justieren, wobei die Fixierung der zu bearbeitenden Werkstücke auf die Werkstückträger an speziell dafür vorgesehenen Spannplätzen mit Hilfe werkstückspezifischer Spannelemente erfolgt [Tem93a: Kap. 1; Tem96a].

In einem FFS werden üblicherweise Werkstücke mehrerer unterschiedlicher Produkttypen und Produktionsaufträge gleichzeitig bearbeitet. Jedes Werkstück ist durch seinen spezifischen Bearbeitungsfortschritt gekennzeichnet, der von der FFS Steuerung individuell gespeichert und fortgeschrieben wird. Zwischenlagerungen der teilweise bearbeiteten Werkstücke erfolgen in lokalen Pufferplätzen an den Maschinen oder in einem zentralen Palettenspeicher (Zentralpuffern) des Systems.

Wesentlicher Vorteil eines FFS gegenüber einem konventionellen Produktionssystem ist, dass die zeitaufwendige Werkstückjustierung im Bearbeitungsraum einer Maschine, die Werkzeugvorbereitung und der Werkzeugwechsel hauptzeitparallel durchgeführt werden. Wertvolle Maschinenzeit wird somit gewonnen. Darüber hinaus können FFS eine längere Zeit, beispielsweise während der Nachtschicht, bedienerlos arbeiten. Um dies zu erreichen, muss das System über ausreichend viele Palettenstellplätze verfügen und die notwendige Anzahl unbearbeiteter Werkstücke muss sich im System befinden.

Abb. 2.22 zeigt beispielhaft ein FFS mit 2 funktionsgleichen, ersetzenden Bearbeitungszentren, einer ergänzenden Spezialmaschine und einem Spannplatz. Die Werkzeugversorgung der Bearbeitungsmaschinen erfolgt über sog. Werkzeugkassetten. Vor dem Bearbeitungsraum der einzelnen Maschinen befinden sich jeweils zwei lokale Werkstückpuffer.

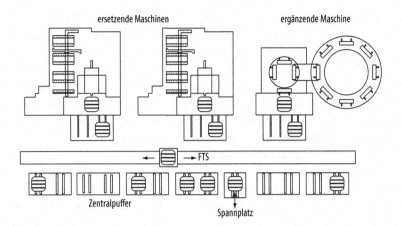

Abb. 2.22 Beispiel eines flexiblen Fertigungssystems. [Tem93a, b: Kap. 1]

Darüber hinaus sind mehrere Abstellplätze für Paletten (zentrale Pufferplätze) vorgesehen. Ein schienengebundenes Fahrerloses Transportsystem (FTS) verbindet den Spannplatz und die einzelnen Bearbeitungsstationen des Systems.

Flexible automatisierte Produktionssysteme treten in der betrieblichen Praxis in zahlreichen Erscheinungsformen auf:

- *Bearbeitungszentrum* (BAZ). Der zentrale Baustein eines Flexiblen Fertigungssystems besteht aus einer CNC Maschine, die mit einem Werkzeugmagazin zur Aufnahme einer größeren Anzahl von Werkzeugen sowie automatischen Werkstück- und Werkzeugwechseleinrichtungen ausgestattet ist. Um ihre durchgängige Auslastung zu gewährleisten, werden BAZ häufig mit einem maschinennahen Input/Output-Puffer versehen, der zur kurzfristigen Speicherung von Werkstücken unmittelbar vor und nach der Bearbeitung dient.
- *Flexible* Fertigungszelle (FFZ). Eine FFZ entsteht durch die räumliche Zusammenfassung eines BAZ mit einer Spannstation sowie maschinenunabhängigen Werkstückspeichereinrichtungen und einem automatisierten Werkstücktransportsystem. Infolge des größeren Werkstückvorrats kann eine FFZ über einen längeren Zeitraum bedienerlos arbeiten.
- *Flexibles* Fertigungssystem (FFS). Ein FFS besteht aus mehreren sich ersetzenden und/ oder ergänzenden BAZ einer Spannstation sowie maschinenunabhängigen Werkstück- und Werkzeugspeichereinrichtungen. Die Systemelemente sind über automatische Werkstück-, Werkzeug- und Informationsflüsse miteinander gekoppelt.
- *Flexibles Fertigungsverbundsystem*. Es entsteht durch die Zusammenfassung mehrerer FFS, wobei häufig eine gemeinsame Aufsicht durch Bediener und evtl. eine gemeinsame Steuerung durch einen zentralen Rechner sowie eine zentrale Werkzeugversorgung vorgesehen sind.

2.3.3.2 Ziele und Betriebsbedingungen Flexibler Fertigungssysteme

Ein Großteil der Firmen in der Automobil-, Flugzeug-, Elektro- und Maschinenbauindustrie in Westeuropa, den USA und Japan verfügt z. Z. über mindestens ein Produktionssystem, das als FFS bezeichnet werden kann [Slo97]. Die Systeme wurden besonders in den 70er und 80er Jahren in einer großen FFS Euphorie installiert. Mit der Einführung dieser Systeme war v. a. das Ziel verbunden, die bisher konventionell betriebene mechanische Kleinserienproduktion zu automatisieren, ohne deren Flexibiliätspotenziale zu opfern, um variantenreiche Produkte kurzfristig, in Abhängigkeit von der jeweiligen Kundennachfrage effizient herstellen zu können. Obwohl diese Zielvorstellung in der Unternehmenspraxis nach wie vor eine hohe Relevanz hat, werden in den letzten Jahren neue FFS nur sehr zögerlich eingeführt.

Die Ursachen hierfür sind vielfältig. Zum einen hat sich auf Grund der in den 90er Jahren entstandenen Idee der *Lean Production* der Interessenschwerpunkt der Produktion hin zu arbeitsorganisatorischen Fragen verlagert. Zum anderen stehen infolge der aktuellen Entwicklungen im *Supply Chain Management* z. Z. produktionslogistische Fragen im Vordergrund.

Wesentlicher Grund für das mangelnde Interesse an FFS ist jedoch, dass die mit der Entwicklung von FFS verbundenen Erwartungen nicht oder nur teilweise erfüllt wurden. Zahlreiche FFS arbeiten z. Z. unterhalb der Wirtschaftlichkeitsgrenze. Die Ursache hierfür sind technische Probleme beim Systembetrieb und v. a. Planungsfehler, die im Zuge der Systemeinführung begangen wurden. Auf Grund zu groß dimensionierter Systeme (teilweise wurden mehr als 20 CNC Maschinen und Bearbeitungszentren in ein geschlossenes System integriert) ergaben sich beim Systembetrieb erhebliche steuerungstechnische Probleme, sodass die ursprünglich anvisierten Auslastungsgrade nicht erreicht wurden. Die geplante Wirtschaftlichkeit der Systeme war damit nicht gegeben. Darüber hinaus wurden bei der Planung der Systeme z. T. sträfliche Fehler begangen. Planungsmethoden, wie analytische Ansätze zur Leistungsanalyse oder die Simulation, wurden nicht oder erst nach der Installation der Systeme angewandt. Im Hinblick auf die Kapazitätsbelegung der Systemkomponenten wurden dadurch ungenügend abgestimmte Systeme installiert.

Zukünftig werden v. a. kleinere Systeme (bis zu 3 Maschinentypen) unabhängig von anderen Anlagen des Produktionsapparats oder im losen Verbund mit anderen Systemen installiert. Zur Verbindung einzelner kleinerer FFS werden insbesondere induktiv geführte Fahrerlose Transportsysteme (FTS) eingesetzt. Diese Konzeption erlaubt technisch einfachere Lösungen und gewährleistet eine erheblich höhere Systemänderungsflexibilität. Der Produktionsapparat kann damit bei neuen produktionstechnischen und logistischen Anforderungen erheblich leichter umgestellt werden.

2.3.3.3 Planungsschritte zur Einführung Flexibler Fertigungssysteme

Im Rahmen der Einführung eines FFS lassen sich grundsätzlich 4 Teilplanungsschritte unterscheiden: Produktauswahl, Komponentenauswahl, Strukturplanung sowie arbeitsorganisatorische Gestaltung. Alle Planungsschritte sind im Zuge der Konfigurierung eines FFS zu lösen. Die bestehenden Abhängigkeiten zwischen den jeweiligen

Entscheidungsvariablen der einzelnen Planungsschritte erfordert dabei eine gegenseitige Abstimmung der einzelnen Teilplanungen, sodass ggf. mehrfache Planungsläufe oder Rückkopplungsschritte vorzusehen sind. Die Planungsschritte ähneln in ihrer Grundstruktur den Planungsphasen der Konfiguration von Produktionsinseln (s. Abschn. 2.3.2), jedoch müssen im Zuge der Planung eines FFS explizit neue Maschinen und Anlagen ausgewählt sowie komplexe Gestaltungsfragen gelöst werden, sodass sich in den jeweiligen Phasen grundsätzlich unterschiedliche Planungsprobleme ergeben:

- *Produktauswahl.* In der 1. Planungsphase wird das im FFS zu fertigende Produktspektrum sowohl qualitativ als auch quantitativ definiert. Im Mittelpunkt der Planung steht v. a. die Festlegung der Art und Anzahl der Produktarten, die angestrebten Produktionsmengen pro Periode, der Arbeitsgänge eines Produkts, die in dem FFS ausgeführt werden sollen, die anzuwendenden Arbeitspläne und die Mischung der Arbeitspläne, falls für eine Produktart mehrere alternative Arbeitspläne gewählt werden können. Neben der Auswahl der Produkte, die überhaupt im FFS gefertigt werden sollen, ist das Hauptproblem dieser Planungsphase, darüber zu befinden, ob ein Produkt zusätzlich in einem konventionellen Produktionssystem produziert werden soll und welche Teilprozesse der Produkterstellung in das FFS integriert werden. Mit diesen Entscheidungen wird die Größe des zu konfigurierenden FFS und dessen produktionslogistische Einbindung in die bestehende Produktionsstruktur erheblich vorbestimmt.
- *Komponentenauswahl.* Gegenstand der 2. Planungsphase ist die Auswahl der Komponenten, die in das FFS integriert werden sollen. Auf der Grundlage der in der 1. Phase ausgewählten Produkte und Arbeitspläne werden die Art und die Anzahl der Maschinen und Ressourcen bestimmt. In dieser Planungsphase wird über die produktionstechnische Kapazität des FFS entschieden und somit die spätere Wirtschaftlichkeit des FFS erheblich beeinflusst.
- *Strukturplanung.* Die 3. Planungsphase betrifft Entscheidungen über die Anordnung der Ressourcen innerhalb des FFS (Layoutplanung), die organisatorische Gestaltung des Transportsystems und die Einbindung des FFS in die bestehende oder veränderte Produktionsstruktur des Unternehmens. Werden mehrere separate FFS geplant, dann ist auch die gegenseitige Anordnung und Verbindung der einzelnen Systeme festzulegen.
- *Arbeitsorganisatorische Gestaltung.* Im Zuge der 4. Planungsphase sind arbeitsorganisatorische Fragen zu klären. Im Einzelnen geht es um die Konzeption und die EDV technische Implementierung eines dezentralen Planungs- und Steuerungssystems, um die Definition der Schnittstellen zum zentralen PPS System sowie um die Auswahl und Schulung des Bedienungspersonals.

Die Entwicklung eines geeigneten Planungs- und Steuerungssystems hat dabei für den wirtschaftlichen Betrieb des später installierten FFS eine entscheidende Bedeutung. Die kurzfristige Planungssituation in einem FFS unterscheidet sich auf Grund der technischen Rahmenbedingungen vollständig von der Situation in klassischen Produktionssystemen. FFS verfügen prinzipiell über die Fähigkeit, unterschiedliche Werkstücke in nahezu

wahlfreier Reihenfolge zu bearbeiten, jedoch wird diese Freiheit während des Systembetriebs erheblich durch die verfügbaren Werkzeuge, die technische Gestaltung des Werkzeugversorgungssystems und die vorhandenen Werkstückträger eingeschränkt.

Ein kurzfristiges Planungssystem muss daher die Werkzeuge den maschinennahen
Werkzeugmagazinen, die ein Fassungsvermögen von 20 bis 200 Werkzeugen haben,
derart zuordnen, dass unnötige Werkzeugwechselvorgänge zwischen lokalem und zen-
tralem Werkzeugmagazin sowie die daraus resultierende Gefahr der Werkzeugblockierung vermieden werden. Gleichzeitig ist dabei für eine ausreichend hohe Flexibilität beim
Werkstückdurchlauf zu sorgen und auf die Termineinhaltung der Produktionsaufträge zu
achten. Die enorme Komplexität dieser Planungsaufgaben erfordert ausgefeilte Lösungsansätze, damit während des Systembetriebs planungsbedingte Warte- und Verspätungs-
zeiten der Aufträge sowie lange Rüst- und Leerzeiten der Ressourcen vermieden werden
[Tem93a, b: Kap. 5].

Da die in einem FFS verwendeten Werkzeuge ein hohes Investitionsvolumen (bis zu
2000 Euro pro Stück) darstellen, können v. a. von teuren Werkzeugen oft nur wenige
Exemplare angeschafft werden. Zur Vermeidung von Werkzeugwartezeiten ist daher der
Gestaltung des Werkzeugversorgungssystems sowie der Steuerung des Werkzeugflusses
eine besondere Aufmerksamkeit zu schenken [Kuh96; Moh97].

Die im Rahmen der dargestellten 4 Planungsphasen zu treffenden Entscheidungen
sind von ausschlaggebender Bedeutung für die spätere Wirtschaftlichkeit des gesamten
Systems, da hierbei die grundsätzliche Relation zwischen dem notwendigen Investitionsvolumen und der zu erwartenden Leistung des zukünftigen FFS festgelegt wird. Zur
Bewältigung der anstehenden Planungsaufgaben stehen dem Systemplaner verschiedene
quantitative Planungsmodelle und Lösungsansätze zur Verfügung, wobei zwischen Ansätzen zur Bewertung einer gegebenen FFS Konfiguration (Leistungsanalyse) und Optimierungsansätzen unterschieden werden kann.

2.3.3.4   Bewertungs- und Optimierungsmodelle

Im Zuge der Planung eines neuen, aber auch bei der Umstrukturierung eines bestehenden FFS benötigt der Systemplaner verschiedene Leistungskennwerte einer potenziellen
Konfigurationsalternative, z. B. produktabhängige Produktionsraten des Systems, Durchlaufzeiten der Aufträge, Zwischenlagerbestände der angearbeiteten Werkstücke und Auslastungen der Ressourcen. Erst nach der Ermittlung dieser Kennwerte kann der Planer
potenzielle Konfigurationen im Hinblick auf ihre Wirtschaftlichkeit beurteilen [Che11].

Zur Abschätzung dieser quantitativen Leistungskennwerte eines FFS eignen sich statische Überschlagsrechnungen, Simulationsmodelle (s. Kap. Simulation logistischer
Systeme) oder auf der Theorie der geschlossenen Warteschlangen-Netzwerke basierende
analytische Ansätze (s. Kap. Bedientheoretische Modellierung logistischer Systeme)
[Tem93a, b: Kap. 3; Pap93]:

- *Statische Überschlagsrechnung.* Statische Überschlagsrechnungen bestimmen anhand
  der Daten aus den Arbeitsplänen der herzustellenden Produkte die Engpassressource

des geplanten FFS. Diese Information wird anschließend verwandt, um die jeweiligen Auslastungsgrade der übrigen Ressourcen, wie Bearbeitungsmaschinen und Transporteinrichtungen, zu bestimmen [Gün16: Kap. 7]. Statische Überschlagsrechnungen werden in der Praxis regelmäßig angewandt und dabei meist mit Hilfe von Tabellenkalkulationsprogrammen realisiert. Das relativ einfache Berechnungsschema ermöglicht jedoch nur äußerst grobe Leistungsabschätzungen des geplanten FFS, v. a. werden stochastische und ablauforganisatorische Effekte, wie Stationsstörungen, schwankende Bearbeitungszeiten und die variierende Fertigung unterschiedlicher Produktvarianten, vernachlässigt. Die Ergebnisse der Berechnungen überschätzen daher die tatsächliche Leistungsfähigkeit der betrachteten Systemalternative merklich.

- *Simulation.* Der Einsatz eines Simulationsmodells hat gegenüber der statischen Überschlagsrechnung den Vorteil, dass sich die besondere Situation eines FFS, insbesondere das dynamisch-stochastische Systemverhalten, beliebig genau abbilden lässt und somit alle relevanten Kennwerte einer FFS Alternative bestimmt werden können (s. Kap. Simulation logistischer Systeme). Problematisch ist jedoch, dass die Entwicklung und Nutzung stochastischer Simulationsmodelle mit relativ viel Aufwand verbunden ist, sodass ein Systemplaner lediglich eine kleine Menge von Systemvarianten hinsichtlich ihrer Leistungsfähigkeit untersuchen kann [Kuh07].

- *Analytische Ansätze.* Mit Hilfe analytischer Ansätze werden die Ressourcen des FFS als eine Menge miteinander verbundener einstufiger Warteschlangensysteme dargestellt, zwischen denen eine konstante Anzahl von Kunden, d. h. Paletten mit Werkstücken, zirkuliert. Eine zentrale Funktion übernimmt dabei das automatisierte Transportsystem, da jeder Werkstückwechsel an einer Bearbeitungsstation mit einem Transportvorgang verbunden ist. Abb. 2.23 zeigt für das betrachtete Beispiel eines FFS (Abb. 2.22) das zugehörige geschlossene Warteschlangen-Netzwerkmodell, in dem sich insgesamt 7 Paletten befinden.

Das von Gordon und Newell Ende der 60er Jahren entwickelte klassische Grundmodell eines geschlossenen Warteschlangenmodells wurde in den letzten Jahren schrittweise im Hinblick auf die besonderen Gegebenheiten in einem FFS erweitert. So können die auf

Abb. 2.23 Modellierung eines FFS als geschlossenes Warteschlangennetzwerk

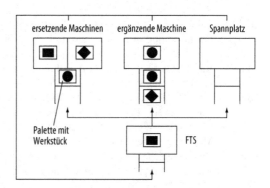

Grund begrenzter maschinennaher Pufferplätze auftretenden Phänomene der Service- und Transportblockierung [Tem93a: Kap. 3] sowie die im Fall einer zentralen Werkzeugversorgung möglichen leistungsmindernden Effekte der Werkzeugblockierung [Tet95] in die Betrachtung einbezogen werden. Auch lassen sich Maschinenausfälle, begrenzt verfügbare Bedien- und Instandhaltungskräfte, speziell gestaltete Fahrerlose Transportsysteme sowie Inspektions- und Nachbearbeitungsstationen berücksichtigen [Sur97; Kuh98]. In zahlreichen Untersuchungen mit Praxisdaten wurde gezeigt, dass die mit diesen Ansätzen erzielbaren Abschätzungen eine hohe Genauigkeit aufweisen [Tem93a, b: Kap. 3; Kuh97].

Die analytischen Ansätze ersetzen die Simulation als Bewertungsmodell jedoch nicht. Es bietet sich vielmehr an, die beiden Bewertungskonzepte sukzessive zu nutzen, d. h. zunächst analytische Ansätze, um mit relativ geringem Rechenaufwand bereits eine große Anzahl ungünstiger Konfigurationsalternativen aus der weiteren Betrachtung auszuschließen. Die in diesem Prozess positiv eingeschätzten Kandidaten sollten anschließend im Zuge einer detaillierten Simulationsstudie nochmals untersucht werden.

Die quantitative Leistungsanalyse bildet die Grundlage, um aus einer Menge alternativer Konfigurationen eines geplanten FFS eine *ökonomisch fundierte Auswahl* zu treffen. Prinzipiell lassen sich jedoch viele unterschiedliche Konfigurationen bilden, die mit Hilfe eines manuellen Auswahlverfahrens nicht mehr überschaut werden können.

Zur Erleichterung des Auswahl- und Entscheidungsprozesses wurden daher zahlreiche *Optimierungsmodelle* entwickelt, die selbständig Konfigurationsalternativen generieren und im Hinblick auf die gewählte Zielfunktion auswählen. Beispielsweise existieren Ansätze zur Auswahl und Zusammenstellung geeigneter Arbeitspläne (Arbeitsplanoptimierung), zur Bestimmung der Anzahl ersetzender Ressourcen und Paletten (Kapazitätsoptimierung) und zur Festlegung geeigneter Maschinentypen (Ressourcenoptimierung) [Tem93a, b, Kap. 4; Tet90, Kat05].

Literatur

[Ask13] Askin, R. G.: Contributions to the design and analysis of cellular manufacturing systems, Int. J. of Prod. Res. 51 (2013) 23/24, 6778–6787

[Ask93] Askin, R.G.; Standridge, C.R.: Modeling and analysis of manufacturing systems. New York: Wiley 1993

[Bal07] Balakrisham, J.; Cheng C.H.: Multi-period planning and uncertainty issues in cellular manufacturing: A review and future directions. Europ. J. of Operational Res. 177, (2007) 1, 281–309

[Bal87] Ballakur, A.; Steudel, H.J.: A within-cell utilization based heuristic for designing cellular manufacturing systems. Int. J. of Prod. Res. 25 (1987) 639–665

[Bit89] Bitran, G.R.; Tirupati, D.: Tradeoff curves, targeting and balancing in manufacturing queueing networks. Operations Res. 37 (1989) 4, 547–564

[Ble14] Bleymüller, J.; Gehlert, G.; Gülicher H.: Statistik für Wirtschaftswissenschaftler. 14. Aufl. München: Vahlen2004

[Blu90] Blumenfeld, D.: A simple formula for estimating throughput of serial production lines with variable processing times and limited buffer capacity. Int. J. Prod. Res. 28 (1990) 1163–1182

[Bur75]   Burbidge J.L.: The introduction of group technology. London: Heinemann 1975

[Bur95]   Burman, M.H.: New results in flow line analysis. Ph.D. Thesis, Mass. Inst. of Technol. (MIT). Also available as Report LMP-95-007, MIT Laboratory for Manufacturing and Productivity. Cambridge, MA. (USA) 1995

[Bur96]   Burbidge J.L.: The first step in planning group technology. Int. J. of Prod. Econom. 43 (1996) 2 + 3, 261–266

[Bür97]   Bürger, M.: Konfigurationsplanung flexibler Fließproduktionssysteme. Glienicke: Galda +Wilch 1997

[Bus78]   Busch, R.: Arbeitsgruppierung und Fertigungsfamilienbildung. Z. f. wirtsch. Fertig. (1978) 531–535

[Buz93]   Buzacott, J.A.; Shanthikumar, J.G.: Stochastic models of manufacturing systems. Englewood Cliffs, N.J. (USA): Prentice Hall 1993

[Buz93]   Buzacott, J.A.; Shanthikumar, J.G.: Stochastic models of manufacturing systems. Englewood Cliffs, N.J. (USA): Prentice Hall 1993

[Buz95]   Buzacott, J.; Liu, X.-G.; Shanthikumar, J.: Multistage flow line analysis with the stopped arrival queue model. IIE Trans. 27 (1995) 4, 444–455

[Cal91]   Calabrese, J.M.; Hausman, W.H.: Simultaneous determination of lot sizes and routing mix in job shops. Management Sci. 37 (1991) 1043–1057

[Che11]   Yang Cheng, Sami Farooq and John Johansen: Manufacturing network evolution: a manufacturing plant perspective, Int. J. of Oper. Prod. Man. 31 (2011) 12, 1311-1331

[Chu95]   Chu, C.-H.: Recent advances in mathematical programming for cell formation. In: Kamrani, A.K.; Parsaei, H.R.; Donald, H.L. (eds.): Planning, design, and analysis of cellular manufacturing systems. Am-sterdam (Niederlande): Elsevier 1995

[Dal88]   Dallery, Y.; David, R.; Xie, X.-L.: An efficient algorithm for analysis of transfer lines with unreliable machines and finite buffers. IIE Trans. 20 (1988) 3, 280–283

[Dal92]   Dallery, Y.; Gershwin, S.B.: Manufacturing flow line systems: A review of models and analytical results. Queuing Systems Theory and Applications 12 (1992) 1 + 2, 3–94

[Def06]   Defersha, F. M.; Chen, M.: A comprehensive mathematical model for the design of cellular manufac-turing systems. Int. J. of Prod. Econom. 103 (2006) 2, 767–783

[Dom97] Domschke, W.; Scholl, A; Voß, S.: Produktionsplanung. 2. Aufl. Berlin: Springer 1997

[Ebe89]   Eberwein, R.-D.: Organisation flexibel automati-sierter Produktionssysteme. Heidelberg: Physica 1989

[Eve11]   Everitt, B. S., Landau, S., Leese, M., Stahl, D.: Cluster Analysis. 5. Aufl. London: Wiley 2011

[Fin98]   Fink, A.; Voß, S.: Maynard assembly manager. OR Spektrum 20 (1998) 3, 143–145

[Gav62]   Gaver, D.: A waiting line with interrupted service, including priorities. J. Roy. Stat. Soc. 24 (1962) 73–90

[Ger00]   Gershwin, S.B.; Schor, J.E.: Efficient algorithms for buffer space allocation. Annals of Operations Res., 93 (2000) 117–144

[Ger94]   Gershwin, S.B.: Manufacturing systems engineering. Englewood Cliffs, N.J. (USA): Prentice Hall 1994

[Gün16]   Günther, H.-O.; Tempelmeier, H.: Produktion und Logistik. 12. Aufl., Norderstedt: Books-on-Demand 2016

[Hel00]   Helber, S.: Kapitalorientierte Pufferallokation in stochastischen Fließproduktionssystemen. Z.f. betriebs-wirtschaftl. Forsch. 52 (2000) 211–233

[Hel03]   Helber, St.; Kuhn, H.: Planung von Produktionsinseln. Wirtschaftswiss. Studium 32 (2003) 2, 76–82

[Hel99]   Helber, S.: Performance analysis of flow lines with non-linear flow of material. Vol. 473 of Lecture Notes in Economics and Mathematical Systems. Berlin: Springer 1999

[Her97] Heragu, S.: Facilities design. Boston: PWS Publ. Comp. 1997

[Jac57] Networks of waiting lines. Operations Research 5 (1957), 518–521

[Jai13] Jain, A., Jain, P.K., Chan, F. T.S., Singh, S.: A re-view on manufacturing flexibility, Int. J. of Prod. 51 (2013) 19, 5946-5970

[Jeo06] Jeon, G.; Leep, H.R.: Forming part families by us-ing genetic algorithm and designing machine cells un-der demand changes. Computers & Operations Res. 33 (2006) 1, 263–283

[Kar87] Karmarkar, U.; Kekre, S.: Manufacturing configuration, capacity and mix decisions considering operational costs. J. of Manufacturing Systems 6 (1987) 4, 315–324

[Kar93] Karmarkar, U.: Manufacturing lead times, order release and capacity loading. In: Graves, S.C.; Rinnooy Kan, A.H.G.; Zipkin, P.H. (eds.): Logistics of production and inventory. Amsterdam: North Holland 1993

[Kat05] Al Kattan, I.: Workload balance of cells in design-ing of multiple cellular manufacturing systems, Journal of Manufacturing Technology Management 16 (2005) 2, 178-196

[Kau96] Kaufmann, H.; Pape, H.: Clusteranalyse. In: Fahrmeir, L.; Brachinger, W.; Tutz, G. (Hrsg.): Multiva-riate statistische Verfahren. 2. Aufl. Berlin: de Gruyter 1996, 437–536

[Kuh04] Kuhn, H.; Helber, St.: Produktionssegmentierung unter Beachtung stochastisch-dynami-scher Einfluss-größen. Wirtschaftswiss. Studium 33 (2004) 8, 463–469

[Kuh07] Kuhn, H.: Simulation. In: Köhler, R.; Küpper, H.-U.; Pfingsten, A. (Hrsg.): Handwörter-buch der Be-triebswirtschaft. 6. Aufl. Stuttgart: Schäffer-Poeschel 2007, 1624–1632

[Kuh96] Kuhn, H.: Fertigungs- und Montagehilfsmittel: Bewirtschaftung. In: Kern, W.; Schröder, H.-H.; Weber J. (Hrsg.): Handwörterbuch der Produktion. 2. Aufl. Stuttgart: Schäffer-Poe-schel 1996, Sp. 451–461

[Kuh97] Kuhn, H.; Tempelmeier, H.: Analyse von Fließ-produktionssystemen. Z. f. Betriebs-wirtsch. 67 (1997) 5 + 6, 561–586

[Kuh98] Kuhn, H.: Fließproduktionssysteme: Leistungsbewertung, Konfigurations- und Instand-haltungspla-nung. Heidelberg: Physica 1998

[Küp04] Küpper, H.-U.; Helber, S.: Ablauforganisation in Produktion und Logistik. 3. Aufl. Stutt-gart: Schäffer-Poeschel 2004

[Lia14] Lian, J., Liu, C.G., Li, W.J., Evans, S., Yin, Y.: Formation of independent manufacturing cells with the consideration of multiple identical machines, Int. J. of Prod. Res. 52 (2014) 5, 1363–1400

[Mah07] Mahdavi, I.; Babak Javadi, B.; Fallah-Alipour, K.; Slomp, J.: Designing a new mathema-tical model for cellular manufacturing system based on cell utilization. Applied Mathema-tics and Computation. 190 (2007), 662–670

[Man04] Manzini, R., Gamberi, M., Regattieri, A., Persona, A.: Framework for designing a flexible cellular as-sembly system, Int. J. Prod. Res. 42 (2004) 17, 3505–3528

[Maß93] Maßberg, W. (Hrsg.): Fertigungsinseln in CIM-Strukturen. Berlin: Springer 1993

[Maß99] Maßberg, W.; Sossna, F: Reorganisierung gruppentechnologischer Fertigungsstrukturen. Z. f. wirtsch. Fertig. 94 (1999) 409–413

[Mit60] Mitrofanow, S.P.: Wissenschaftliche Grundlagen der Gruppentechnologie. Berlin: VEB Verlag Technik 1960

[Moh97] Mohamed, Z.M.; Bernardo, J.J.: Tool planning models for flexible manufacturing systems. Europ. J. of Operational Res. 103 (1997) 497–514

[Nun14] Nunkaew, W., Phruksaphanrat, B.: Lexicographic fuzzy multi-objective model for mini-misation of excep-tional and void elements in manufacturing cell formation, Int. J. of Prod. Res. 52 (2014) 5, 1419–1442

[Opi71] Opitz, H.: Verschlüsselungsrichtlinien und Definitionen zum werkstückbeschreibenden Klassifizie-rungssystem. Essen: Girardet 1971

[Pap93]   Papadopoulos, H.T.; Heavey, C.; Browne, J.: Queueing theory in manufacturing systems analysis and design. London: Chapman & Hall 1993

[Pic97]   Picot, A.; Dietl, H.; Franck, E.: Organisation: Eine ökonomische Perspektive. Stuttgart: Schäffer-Poeschel 1997

[Rao98]   Rao, S.S.; Gunasekaran, A. et al.: Waiting line model applications in manufacturing. Int. J. of Production Res. 54 (1998) 1–28

[Rei97]   Reisman, A.; Kumar, A. et al.: Cellular manufac-turing: A statistical review of the litera-ture (1965–1995). Operations Res. 45 (1997) 4, 508–520

[Saf08]   Safaei, N.; Saidi-Mehrabad, M.; Jabal-Ameli, M.S.: A hybrid simulated annealing for solving an extended model of dynamic cellular manufacturing system. Europ. J. of Ope-rational Res. 185 (2008) 2, 563–592

[Sar99]   Sarker, B.R.; Mondal, S.: Grouping efficiency measures in cellular manufacturing: A survey and criti-cal review. Int. J. of Prod. Res. 37 (1999) 2, 285–314

[Sch95a]   Scholl, A.: Balancing and sequencing of assembly lines. Heidelberg: Physica 1995

[Sch95b]   Schor, J.E.: Efficient algorithms for buffer allocation. Master's Thesis, Mass. Inst. of Technol. (MIT). Also available as Report LMP-95-006, MIT Laboratory for Manufactu-ring and Productivity. Cambridge, MA. (USA) 1995

[Sel98]   Selim, H.M.; Askin, R.G.; Vakharia, A.J.: Cell for-mation in group technology: Review, evaluation and directions for future research. Computers Industrial Engg. 34 (1998) 1, 3–20

[Sha93]   Shafer, S.M.; Rogers, D.F.: Similarity and distance measures for cellular manufacturing. Int. J. of Prod. Res. 31 (1993) 1133–1142 u. 1315–1326

[Sin96]   Singh, N.; Rajamani, D.: Cellular manufacturing systems: Design, planning and control. London: Chapman & Hall 1996

[Slo97]   Slomp, J.: The design and operation of flexible manufacturing shops. In: Artiba, A.; Elmaghraby, S.E. (eds.): The planning and scheduling of production sys-tems. London: Chapman & Hall 1997, 199–226

[Sol04]   Solimanpur, M.; Vrat, P.; Shankar, R.: Ant colony optimization algorithm to the inter-cell layout problem in cellular manufacturing. Europ. J. of Operational Res. 157 (2004) 3, 592–606

[Sol11]   Solimanpur, M., Foroughi. A: A new approach to the cell formation problem with alter-native processing routes and operation sequence, Int. J. of Prod. Res. 49 (2011) 19, 5833–5849

[Sur94]   Suresh, N.C.; Meredith, J.R.: Coping with the loss of pooling synergy in cellular manu-facturing systems. Management Sci. 40 (1994) 4, 466–483

[Sur95]   Suri, R.; Diehl. G.W.W. et al.: From CAN-Q to MPSX: Evolution of queuing software for manufacturing. Interfaces 25 (1995) 5, 128–150

[Sur97]   Suri, R.; Desiraju, R.: Performance analysis of flexible manufacturing systems with a single discrete mar-tial-handling device. Int. J. of Manufacturing Systems 9 (1997) 223–249

[Sur98]   Suresh, N.C.; Kay, J.U.: Group technology and cellular manufacturing: Updated per-spectives. In: Suresh, N.C.; Kay, J.U. (eds.): Group technology and cellular manufactu-ring. Boston, MA. (USA): Kluwer 1998, 1 14

[Swa99]   Swain, J.J.: 1999 Simulation software survey. OR/MS Today 26 (1999) 1, 42–51

[Tem14]   Tempelmeier, H.: The Quality of Approximation Algorithms implemented in the Flow Line Planning Software POM Flowline Optimizer - Numerical Results, Technical Report, Universität zu Köln, Februar 2014.

[Tem16]   Tempelmeier, H.: Supply Chain Management und Produktion - Übungen und Mini-Fall-studien. 6. Aufl., Norderstedt: Books on Demand 2018

[Tem17]   Tempelmeier, H.: Produktionsplanung in Supply Chains. 5. Aufl., Norderstedt: Books on Demand 2017

[Tem93a] Tempelmeier, H.; Kuhn H.: Flexible Fertigungssysteme: Entscheidungsunterstützung für Konfigurati-on und Betrieb. Berlin: Springer 1993

[Tem93b] Tempelmeier, H; Kuhn H.: Flexible manufacturing systems: Decision support for design and opera-tion. New York: Wiley 1993

[Tem96a] Tempelmeier, H.: Flexible Fertigungstechniken. In: Kern, W.; Schröder, H.-H.; Weber J. (Hrsg.): Handwörterbuch der Produktion. 2. Aufl. Stuttgart: Schäffer-Poeschel 1996, 501–512

[Tem96b] Tempelmeier, H.; Kuhn, H.: Softwaretools zur Kapazitätsplanung flexibler Produktions-systeme. In-dustrie Management 12 (1996) 3, 29–33

[Tet90]   Tetzlaff, U. A.W.: Optimal design of flexible manufacturing systems. Heidelberg: Physica 1990

[Tet95]   Tetzlaff, U. A.W.: Evaluating the effect of tool management on flexible manufacturing system per-formance. Int. J. of Prod. Res. 33 (1995) 4, 877–892

[Ven99]   Venugopal, V: Soft computing-based approaches to the group technology problem: A state-of-the-art re-view. Int. J. of Prod. Res. 37 (1999) 14, 3335–3357

[Vis92]   Visvanadham, N.; Narahari, Y.: Performance modeling of automated manufacturing systems. Englewood Cliffs, N.J. (USA): Prentice Hall 1992

[Wem97]   Wemmerlöv, U.; Johnson D.J.: Cellular manufacturing at 46 user plants: implementation experiences and performance improvements. Int. J. of Prod. Res. 35 (1997) 4, 29–49

[Wic99]   Wicks, E.M.; Reasor, R.J.: Designing cellular manufacturing systems with dynamic part populations. IIE Trans. 31 (1999) 11–20

[Wu07]   Wu X.; Chu, C.H.; Wang, Y.; Yan, W.: A genetic algorithm for cellular manufacturing design and layout. Europ. J. of Operational Res. 181(2007) 1, 156–167

[Yin06]   Yin Y.; Yasuda, K.: Similarity coefficient methods applied to the cell formation problem: A taxonomy and review. Int. J. of Prod. Econom. 101 (2006) 2, 329–352

[Zol06]   Zolfaghari, S., Lopez Roa, E. V.: Cellular manufacturing versus a hybrid system: a com-parative study, J. of Manufacturing Technology Management 17 (2006) 7, 942–961

Transport- und Tourenplanung

3

Bernhard Fleischmann und Herbert Kopfer

3.1 Überblick

Aufgaben der *Transportplanung* sind die Gestaltung von Transportnetzen und die Steuerung der darin ablaufenden Transportprozesse. Die *Tourenplanung* ist ein wichtiger Spezialfall der Transportplanung, für den eine weit entwickelte theoretische Fundierung, Planungsverfahren und Software verfügbar sind.

In einem *Zuliefernetz* wird Material von vielen Lieferanten zu einem oder wenigen Werken eines Abnehmers transportiert, in einem *Distributionsnetz* werden Konsumgüter von den Werken eines Herstellers zu einer großen Zahl von Handelsbetrieben transportiert. Ein *Speditionsnetz* eines Logistikdienstleisters (LDL) verbindet viele Orte, die zugleich Versand- und Empfangsorte sein können, in beiden Richtungen miteinander.

Die Transportplanung muss die Anforderungen der unterschiedlichen Sendungsgrößen berücksichtigen: (Komplett)-*Ladungen* gehen direkt, d. h. ohne Umschlag und unabhängig vom Netz, vom Sender zum Empfänger. *Teilladungen* werden zu *Fernverkehrstouren* zusammengefasst und können direkt oder in Verbindung mit dem Netz transportiert werden. *Stückgut* und *Pakete* durchlaufen i. a. eine dreigliedrige Transportkette aus Vorlauf, Hauptlauf und Nachlauf. Vorlauf und Nachlauf erfolgen in *Nahverkehrstouren*, die jeweils mehrere Sendungen einsammeln und zu einem Umschlagpunkt (UP) bringen bzw. ab einem UP verteilen. Der Hauptlauf führt als Ladung oder Teilladung von

B. Fleischmann (✉)
Universität Augsburg, Universitätsstraße 16, 86159 Augsburg, Deutschland
e-mail: bernhard.fleischmann@wiwi.uni-augsburg.de

H. Kopfer
Lehrstuhl für Logistik, Universität Bremen, Wilhelm-Herbst-Straße 5, 28359 Bremen, Deutschland
e-mail: kopfer@uni-bremen.de

© Springer-Verlag GmbH Deutschland, ein Teil von Springer Nature 2018
H. Tempelmeier (Hrsg.), *Planung logistischer Systeme*, Fachwissen Logistik,
https://doi.org/10.1007/978-3-662-57782-0_3

UP zu UP und kann in einem Speditionsnetz noch einmal über ein Hub gebrochen werden. In einem Zuliefernetz entfällt der Nachlauf, falls nur ein Werk zu beliefern ist, in einem Distributionsnetz der Vorlauf, da der Hauptlauf bei einem Zentrallager (ZL) beginnt; dafür ist hier im Fall mehrerer Werke zusätzlich die Transportstufe Werk–ZL, i. a. im Ladungsverkehr, zu planen.

Die Transportplanung umfasst die folgenden Aufgaben, die sich in der Fristigkeit unterscheiden. Sie werden in den nachfolgenden Abschnitten wie angegeben näher erläutert. Einen ausführlichen Überblick gibt [Cra97].

1. *Gestaltung des Transportnetzes* (langfristig, Abschn. 3.2.2): Die Anzahl und die Standorte der Lager und UP sowie die Transportrelationen sind festzulegen.

2. *Planung der Transportwege und -mittel* (mittelfristig, Abschn. 3.2.1): Für die verschiedenen Sendungsgrößen sind aufgrund der erwarteten Mengen die Transportwege zu planen, insbesondere die Einzugsgebiete der UP für die Vor- und Nachläufe und die Führung der Hauptläufe und der Teilladungen. Es ist die Wahl zwischen eigenen und fremden Transportmitteln zu treffen, was im ersten Fall die Zusammensetzung des Fuhrparks, im zweiten Fall die Auswahl der LDL einschließt. Für die Hauptläufe und den Ladungsverkehr ist auch der Verkehrsträger festzulegen, während Vor- und Nachläufe an die Straße gebunden sind.

3. *Planung des Fahrzeugeinsatzes* (mittel- und kurzfristig): Um eine ausreichende Flexibilität des Transportsystems zu gewährleisten, ist die Zuweisung anstehender Transportaufträge zu einzelnen Fahrzeugen in aller Regel *täglich* vorzunehmen. Für den Sammel- und/oder Verteilverkehr im Einzugsbereich eines UP ist das die Aufgabe der *Tourenplanung* (Abschn. 3.3); sie legt für jedes Fahrzeug eines Fuhrparks fest, welche Kunden in welcher Reihenfolge am Planungstag anzufahren sind. Auch für die Fernverkehre sind Fahrzeuge bereitzustellen, für die Teilladungen müssen ebenfalls Touren gebildet werden (Abschn. 3.2.3). Eine zusätzliche *mittelfristige Rahmenplanung* ist vor allem in Speditionsnetzen üblich: Für die Nahverkehrstouren werden vorab *Tourengebiete* festgelegt, die täglich von je einem Fahrzeug zu bedienen sind. Für die Hauptläufe zwischen den UP werden mittelfristige *Linien-Fahrpläne* aufgestellt (Abschn. 3.2.3), die die einzelnen Transportabschnitte synchronisieren und für sinnvolle *Fahrzeug-Umläufe* sorgen. Eine besondere Aufgabe der Tourenplanung stellt sich für Speditionen, die direkte Ladungsverkehre ohne Bindung an ein Netz oder einen Fahrplan anbieten. Sie disponieren sehr große Fuhrparks mit Europa-weitem Einsatz aufgrund kurzfristig eingehender Aufträge (Transport on Demand) [Scho11].

Die Zielsetzung besteht bei allen Planungen meistens in der Minimierung der Kosten für Transporte und Umschlag bei vorgegebener Leistung, insbesondere unter Einhaltung einer bestimmten Lieferzeit. Hinzu kommen für die Eigentümer des Transportguts die Kosten für die Bestände (Abschn. 3.2.4), soweit sie durch die Transportplanung beeinflusst werden.

3.2   Transportplanung

3.2.1   Planung der Transportwege und -mittel

Die Optimierung der Transportwege und -mittel in einem vorhandenen Netz ist eine mittelfristige Aufgabe, wirdaber auch zur Bewertung unterschiedlicher Netzkonfigurationen im Rahmen der langfristigen Gestaltung von Transportnetzen (Abschn. 3.2.2) benötigt. Sie wird daher zuerst betrachtet.

Zur Planung von Transportströmen ist das mathematische Modell des *Netzwerkflussproblems (NFP)* besonders gut geeignet. Das Transportnetz wird dabei durch folgende Komponenten abgebildet:

- die Versandorte durch *Angebotsknoten i* mit dem Angebot A_i,
- die Empfangsorte durch *Bedarfsknoten i* mit Bedarf B_i,
- die Läger und UP durch *Zwischenknoten i*,
- die Transportverbindungen durch *Pfeile (i, j)* von Knoten i zu Knoten j mit Transportkosten c_{ij} pro ME und ggf. Ober- und Untergrenzen k_{ij} und l_{ij},
- die Transportmengen durch die *Entscheidungsvariablen* x_{ij} in jedem Pfeil (i, j), die insgesamt den *Fluss* im Netz darstellen.

Alle Mengengrößen $(A_i, B_i, k_{ij}, l_{ij}, x_{ij})$ beziehen sich auf einen bestimmten Planungszeitraum. Man kann $\Sigma_i A_i = \Sigma_i B_i$ annehmen, ggf. nach Einführung eines zusätzlichen Bedarfsknotens, der den Angebotsüberschuss aufnimmt. A_i und B_i stellen dann den externen Zufluss und Abfluss dar. Gesucht ist ein Fluss mit minimalen Kosten $\Sigma_{ij} c_{ij} x_{ij}$, der die Bedingungen der *Flusserhaltung*

- für jeden Angebotsknoten i: Abfluss – Zufluss = Angebot, d. h. $\Sigma_j x_{ij} - \Sigma_h x_{hi} = A_i$,
- für jeden Bedarfsknoten i: Zufluss – Abfluss = Bedarf, d. h. $\Sigma_h x_{hi} - \Sigma_j x_{ij} = B_i$,
- *für jeden Zwischenknoten i*: Abfluss = Zufluss, d. h. $\Sigma_j x_{ij} - \Sigma_h x_{hi} = 0$,
- *und ggf. die Kapazitätsbedingungen*
- für jeden Pfeil (i, j): $l_{ij} \leq x_{ij} \leq k_{ij}$

erfüllt.

Man beachte, dass im NFP Kosten und Kapazitäten nur den Pfeilen, nicht den Knoten zugeordnet sind. Umschlagprozesse in einem Lager oder UP, deren Kosten ja für den Vergleich verschiedener Transportwege bedeutsam sind, müssen deshalb explizit durch Pfeile abgebildet werden. Dazu sind für das entsprechende Lager oder den UP *zwei Knoten* (Eingangs- und Ausgangsknoten) erforderlich. Abb. 3.1 veranschaulicht diese Modellierung für ein Distributionsnetz. Die Wahl verschiedener Transportmittel kann durch parallele Pfeile mit entsprechenden Kosten und Kapazitäten modelliert werden.

Das NFP ist ein Spezialfall der linearen Programmierung (LP), für den sehr effiziente Lösungsverfahren existieren [Dom07: Kap. 6 u. 7]. Die exakte Optimierung des Flusses

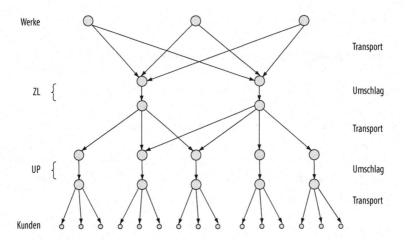

Abb. 3.1 Netzwerkmodell eines Distributionssystems

ist auch in Netzen mit einigen tausend Knoten und einigen zehntausend Pfeilen in Rechenzeiten unter einer Minute möglich.

In der Grundform des NFP wird nur *ein* Transportgut betrachtet. Eine Differenzie-
rung von Produkten ist überflüssig, sofern der Fluss in einheitlichen ME (z. B. kg oder
Paletten) gemessen werden kann und die zwischen den Versand- und Empfangsorten zu
transportierenden Mengen durch A_i und B_i eindeutig festgelegt sind. Dies trifft zu für ein
Zuliefernetz mit nur einem Abnehmer-Werk sowie für Distributionsnetze mit nur einem
Hersteller-Werk oder mit mehreren Werken mit unterschiedlichen Produkten, aber ein-
heitlichem Produktmix in allen Bedarfsorten. In allen anderen Fällen, insbesondere für
Speditionsnetze, muss das Modell zu einem *Mehrgüter-NFP* (MNFP) erweitert werden,
in dem Angebote, Bedarfe, der Fluss und die Flusserhaltung für jedes Produkt getrennt
betrachtet werden, die Kapazitätsbedingungen aber für den Gesamtfluss gelten. Bei einem
Speditionsnetz wird dann jedem Versandort genau ein Produkt zugewiesen, sodass die
Bedarfe in den Empfangsorten den Versandort erkennen lassen. Ein Knoten kann dann
zugleich Angebotsknoten für ein Produkt und Bedarfsknoten für andere Produkte sein.
Ein MNFP ist ein spezielles LP-Problem, für das besondere Optimierungsverfahren entwickelt wurden [Ahu93: Kap. 17].

Zur eindeutigen Abgrenzung der Einzugsgebiete der UP ist die Bedingung einzuhalten,
dass jeder Kundenort (Versand- oder Empfangsort) von genau einem UP bedient wird.
Eine solche *Single-Source-Bedingung* kann auch für andere Knoten bestehen, z. B. wenn
ein UP in einem Distributionsnetz von genau einem ZL beliefert werden soll oder in einem
Speditionsnetz an genau ein Hub angeschlossen sein soll. Durch Single-Source-Bedin-
gungen geht die reine LP-Struktur des NFP oder MNFP verloren, im MNFP bewirken
sie eine zusätzliche Koppelung der Produkte, die die Lösung erschwert. Im Fall eines
Speditionsnetzes entsteht sogar ein besonders schwieriges *quadratisches Zuordnungsproblem* [Dom96; Kap. 6], da die Zuordnungen des Versand- und des Empfangsortes einer

Sendung zu je einem UP nicht unabhängig sind, sondern gemeinsam die Transportkosten zwischen den Depots bestimmen.

Eine gravierende Einschränkung für die Anwendung des NFP und des MNFP ist die Unterstellung fester Kostensätze c_{ij} pro ME auf jedem Pfeil (i, j). Damit können die kostensenkenden Bündelungseffekte, auf die die Struktur eines Transportnetzes gerade ausgerichtet ist, gar nicht erfasst werden. Dazu müssen die Modelle um *nichtlineare (degressive) Transportkosten-Funktionen* $C_{ij}(x_{ij})$ auf dem Pfeil (i, j) erweitert werden, wobei im MNFP x_{ij} den *Gesamtfluss* im Pfeil (i, j) (summiert über alle Produkte) darstellt. Dies wirft zweierlei Probleme auf: die Modellierung solcher Kostenfunktionen und die Lösung des damit erheblich schwierigeren Optimierungsproblems.

Modellierung von Transportkosten

Da die Transportkosten sich aus Kosten einzelner Sendungen zusammensetzen, müssen diese für die externen Zu- und Abflüsse A_i und B_i bekannt sein und der Fluss x_{ij} in jedem Pfeil muss in die Mengen der einzelnen Transporte zerlegt werden. Durch Summation über deren Kosten ergeben sich dann die Kosten je Pfeil. Bei der Aufstellung der Kostenfunktionen je Transport sind drei Arten von Pfeilen zu unterscheiden [Fle98: 64ff]:

- Bei e*xklusivem Fernverkehr* werden die einzelnen Mengen im Pfeil (i, j) allein transportiert, ohne Bündelung mit anderen nicht im Fluss x_{ij} enthaltenen Mengen. Dies trifft zu für ein Speditionsnetz sowie für Distributions- und Zuliefernetze, wenn die Transporte exklusiv für den betrachteten Hersteller oder Abnehmer erfolgen. Dann haben die Kosten die Form einer Treppenfunktion, die bei steigender Menge jeweils um die Kosten einer zusätzlichen Fahrt springt, sobald die bisherigen Fahrzeuge voll ausgelastet sind. Ein wesentlicher Parameter ist dabei die Fahrzeugkapazität.
- Bei *nicht exklusivem Transport im Fernverkehr* und bei Teilladungs-Transport ist jeder Sendung nur ein Anteil der Kosten einer Fahrt zuzurechnen. Dieser ist größer als der Anteil der Sendungsgröße an der Fahrzeugkapazität, da die Bündelung mehrerer Sendungen zu Umwegen, zusätzlichen Stopps und nicht voller Auslastung des Fahrzeugs führen kann.
- Bei *Nahverkehrstouren* besteht die zusätzliche Schwierigkeit, dass die in Touren zurückgelegten Entfernungen und die Dauer der Touren erst nach einer vollständigen Tourenplanung bekannt sind, die aber im Rahmen einer mittelfristigen Planung wegen des Aufwands und fehlender Detail-Daten nicht praktikabel ist. Das in [Fle98: 67ff.) vorgeschlagene und in zahlreichen Anwendungen erprobte *Ringmodell* liefert zugleich eine Schätzung der Kosten der Tour und eine Zurechnung auf die Sendungen in Abhängigkeit von der Sendungsgröße und der Entfernung. Wesentliche Parameter in dieser Funktion sind die Fahrzeug-Kapazität, die maximale Dauer einer Tour und der mittlere Abstand zwischen zwei aufeinanderfolgenden Kundenorten in der Tour. Durch geeignete Einstellung dieses letzten Parameters ist die Anwendung sowohl für exklusive Touren möglich als auch für solche, die fremde Sendungen mitführen.

Lösungsverfahren für MNFP mit nichtlinearen Kosten

Degressive Kostenfunktionen erschweren die Lösung des MNFP ganz erheblich aus zwei Gründen: Zum einen lassen sich die Kosten nicht mehr einfach nach den verschiedenen Produkten trennen, zum anderen besitzt ein solches nicht konvexes Optimierungsproblem *lokale Optima*, die sehr verschieden strukturiert sein können. Hat man ein lokales Optimum gefunden, ist es sehr schwer festzustellen, ob es noch bessere Lösungen gibt und wie diese aussehen.

Man kann die nichtlinearen Kostenfunktionen mit beliebiger Genauigkeit durch stückweise lineare Funktionen ersetzen und dann das Problem als Mixed-Integer Programming (MIP)-Modell formulieren. Ebenso kann das Problem auf ein Fixkosten-MNFP zurückgeführt werden, bei dem jeder Pfeil lineare und fixe Kosten trägt: Dazu ersetzt man jeden Pfeil mit stückweise linearen Kosten durch mehrere parallele Pfeile entsprechend den Abschnitten der Kostenfunktion. Wichtig ist dabei, dass die Fixkosten-Pfeile eine begrenzte Kapazität haben. Im Spezialfall einer Treppenfunktion stellt jeder solche Pfeil eine Fahrt mit einem Fahrzeug bestimmter Kapazität dar. Allerdings führen diese Formulierungen zu einer sehr großen Anzahl von Binärvariablen in dem MIP-Modell bzw. von Fixkosten-Pfeilen im MNFP, die bei realistischen Netzen in die Tausende geht.

Zwar sind *exakte* Verfahren in der Lage, *unkapazitierte* Fixkosten-MNFP mit bis zu 70 Knoten und 1000 Pfeilen zu lösen [Hol98]; in dem für die Transportplanung relevanten Fall degressiver Kosten oder Fixkosten und Kapazitäten kommt aber eine exakte Lösung des MNFP für den praktischen Einsatz derzeit nicht in Frage. Im Folgenden werden kurz einige *heuristische Lösungstechniken* erläutert. Die Literaturangaben beschränken sich auf wenige ausgewählte Arbeiten; für eine Übersicht wird auf [Grü05a] verwiesen.

Die *lokale Linearisierung* besteht darin, abwechselnd das Problem mit festen Kostensätzen als lineares MNFP zu lösen und dann aus der Lösung für jeden Pfeil wieder neue Kostensätze abzuleiten, z. B. entsprechend den Grenzkosten oder den Durchschnittskosten [Par89; Fle93]. Dieses Vorgehen ist besonders schnell; es führt i. d. R. nach wenigen Iterationen zu einem lokalen Optimum. Die Lösungsqualität hängt aber sehr stark von den Startwerten der Kostensätze ab, die sehr sorgfältig zu wählen sind. Das Verfahren kann mit einem anschließenden Verbesserungsverfahren (z. B. Local Search) kombiniert werden.

Die *Lagrange-Relaxation* dient primär der Berechnung unterer Schranken für die unbekannten Kosten der optimalen Lösung. Durch Relaxierung von Nebenbedingungen entstehen einfachere exakt lösbare Probleme. Von deren (unzulässigen) Lösungen können durch zusätzliche Heuristiken zulässige Lösungen abgeleitet werden. Ein bedeutender Vorteil dieser Verfahren ist, dass sie auf diese Weise auch eine Abschätzung der Lösungsgüte der gefundenen heuristischen Lösungen liefern. In der Regel werden einige oder alle Flusserhaltungsgleichungen relaxiert. Dadurch zerfällt das Problem in einfachere Teilprobleme, im Extremfall in Probleme mit nur einem Pfeil [Ami97; Hol00].

Verfahren der *Spaltenerzeugung* gehen in zwei Schritten vor: Zunächst werden eine große Zahl von Teillösungen, z. B. Transportwege zwischen bestimmten Empfangs- und Versandorten oder Fahrzeugumläufe, konstruiert, wobei auch komplizierte Restriktionen beachtet werden können, vor allem die zeitliche Abstimmung der Abschnitte einer

Transportkette. Die optimale Kombination der Teillösungen zu einer zulässigen Gesamtlösung stellt dann ein *Set-Covering-Problem* mit den Teillösungen als Spalten dar. Kuby und Gray untersuchen in dieser Weise das Ein-Hub-System von Federal Express [Kub93].

Local-Search-Verfahren dienen der schrittweisen Verbesserung einer Lösung durch Überprüfung von jeweils *benachbarten* Lösungen. In Frage kommen alle bekannten Such-Strategien – *Simulated Annealing, Tabu Search, Sintflutverfahren* u. a. –, in Verbindung mit einer geeigneten Definition der Veränderungsoperationen, die zu benachbarten Lösungen führen. Da im Fall konkaver Kosten die optimalen Lösungen des MNFP Basislösungen sind, bietet sich dafür der *Basistausch* an [Yan99], wie er in Verfahren des linearen MNFP praktiziert wird. Außerdem werden Genetische Algorithmen eingesetzt [Yan05]. Eine weitere Variante kombiniert Tabu Search mit der Branch-and-Bound-Enumeration, wobei die beiden Strategien auf getrennte Teilmengen der Entscheidungsvariablen angewandt werden. Büdenbender et al. [Büd00] setzen diese Technik sehr erfolgreich für die Planung der Luftfracht im Briefpostnetz der Deutschen Post ein.

3.2.2 Gestaltung von Transportnetzen

Die langfristige Gestaltung von Transportnetzen betrifft in erster Linie die Festlegung der Anzahl und der Standorte der Knoten des Netzes, soweit sie nicht als Versand- oder Empfangsorte feststehen, und ihrer jeweiligen Funktionen (Lager, UP mit oder ohne Hub-Funktion). Diese Aufgabe schließt aber die zuvor betrachtete Planung der Transportwege, die die geplanten Knoten verbinden sollen, untrennbar mit ein. Zu den dort berücksichtigten Kosten für Transporte und Umschlag kommen jetzt fixe oder sprungfixe Kosten für den Betrieb und ggf. für die Errichtung der geplanten Knoten hinzu.

Die Gestaltung von Distributionsnetzen ist seit etwa 1970 Gegenstand intensiver Forschung, die eine Fülle von Modellen und Methoden hervorgebracht hat [Geo95; Klo05]. Die Planung der Anzahl und der Standorte der UP von Gebietsspediteuren in einem Zuliefernetz kann, bei Umkehrung der Transportrichtung, als Spezialfall davon angesehen werden. Die Gestaltung von Speditionsnetzen hat sich erst ab den 1990er Jahren zu einem vielbeachteten Forschungsthema entwickelt. Dies gilt vor allem für das „*Hub-Location-Problem*", bei dem Anzahl und Standorte von Hubs und die Anbindung gegebener UP („Depots") bei gegebenem Transportbedarf gesucht sind [Wlc98: 69ff.; Klo05].

Als *Modell* der Netzgestaltung eignet sich allgemein das MNFP mit „potentiellen" Knoten, die Fixkosten tragen und über deren „Öffnung" oder „Schließung" zu entscheiden ist. Ein Spezialfall ist das *Warehouse-Location-Problem* (WLP) (Abschn. A 1.2). Ersetzt man jeden potenziellen Knoten durch einen Eingangsknoten, einen Ausgangsknoten und dazwischen einen Pfeil mit den Fixkosten, so liegt wieder ein Fixkosten-MNFP vor. Allerdings ist zu beachten, dass für die Gestaltung von Transportnetzen nichtlineare Transportkosten besonders wichtig sind, da die optimale Anzahl von Lagern und UP ja gerade durch die Effekte der Bündelung von Transportströmen bestimmt werden. Deshalb ist das Standard-WLP mit linearen Transportkosten für die Transportnetzgestaltung wenig geeignet.

Das gleiche gilt leider auch für viele Hub-Location-Modelle, die entweder lineare Transportkosten oder Fixkosten ohne Beachtung der Fahrzeugkapazitäten unterstellen.

Als *Lösungsverfahren* kommen alle im vorigen Abschnitt angeführten Techniken in Frage, da wie gesagt die Netzgestaltung wieder ein MNFP mit nichtlinearen Kosten ist. Für die Local-Search-Verfahren wird aber noch auf eine Besonderheit hingewiesen: Als Änderungsoperation bietet sich jetzt das Öffnen oder Schließen eines einzelnen potenziellen Standortes an. Die Suche erstreckt sich dann über verschiedene Standortkonfigurationen, deren Kosten verglichen werden müssen. Dazu wäre aber zu jeder Standortkonfiguration das Transportproblem, immer noch ein MNFP mit nichtlinearen Kosten, zu lösen. Da im Laufe eines Local-Search-Verfahrens meist Tausende von Lösungen zu prüfen sind, wäre dies ein zu hoher Aufwand. Deshalb empfiehlt es sich, zur Bewertung der Standortkonfigurationen einfacher zu berechnende Kostenschätzungen zu verwenden [Wlc98: 99ff.].

3.2.3   Fahrzeugeinsatz im Fernverkehr

Die Planung des Fahrzeugeinsatzes im Gütertransport ist Aufgabe des LDL, sofern nicht ein Industrie- oder Handelsunternehmen eigene Fahrzeuge im Werkverkehr einsetzt. Der LDL betrachtet diese Aufgabe übergreifend für alle seine Auftraggeber im Rahmen eines Speditionsnetzes. Diese Situation wird im Folgenden zugrunde gelegt. Mit der kurzfristigen, meist täglichen, Disposition des Fahrzeugeinsatzes für den Sammel- und Verteilerverkehr im *Nahbereich eines UP* befasst sich die *Tourenplanung* (Abschn. 3.3). Die Planung des *Fernverkehrs* geschieht in der Regel auf zwei Ebenen: Mittelfristig sind die regelmäßigen *Linienverkehre* für Stückgut und Pakete zwischen dem UP und der Umlauf der dafür einzusetzenden Transportmittel (LKW, Bahn-Waggons, Flugzeuge) und Ladungsträger festzulegen, was als *Service Network Design* bezeichnet wird [Cra00; Wie08]. Die kurzfristige Disposition nimmt die Zuordnung der Aufträge zu Stückgut und Teilladungen vor und stellt die Teilladungen zu Fernverkehrstouren zusammen.

Linienplanung

In einem nationalen Stückgut- und/oder Paketnetz laufen die Transporte nach einem täglich gleichen Linienfahrplan ab, der in der Regel eine Laufzeit der Sendungen vom Versand- zum Empfangsort, also inkl. Nahverkehr, von max. 24 Stunden vorsieht. Da die tägliche Transportmenge für die meisten UP-UP-Relationen zu gering für einen wirtschaftlichen Direktverkehr ist, muss der Linienfahrplan Konsolidierungsmaßnahmen einschließen. Dabei sind die Transportwege für die Sendungen zwischen je zwei UP unter Beachtung von Mengen- und Zeitrestriktionen zu bestimmen.

Die einzelnen Fahrzeuge müssen in *Umläufen* eingesetzt werden, die innerhalb eines oder weniger Tage zum Ausgangspunkt zurückführen. Formen von Umläufen sind, in der Reihenfolge zunehmender Kosten, die zusätzlich zu den eigentlichen Transporten entstehen:

- Hin- und Rückfahrt an einem Tag, etwa zu einem Hub, oder im *Begegnungsverkehr*:
  Beim Begegnungsverkehr tauschen zwei Fahrzeuge ihre Ladungen, die auf der glei-
  chen Relation in entgegengesetzter Richtung zu transportieren sind, etwa in der Mitte
  des Weges aus;
- Eintages-Umlauf, durch Kombination mehrerer kürzerer Transportabschnitte ggf. mit
  Leerfahrten dazwischen;
- Mehrtages-Umlauf, durch Kombination längerer Transportabschnitte; dies erfordert
  eine auswärtige Übernachtung des Fahrers (oder der Fahrer);
- One-Way-Fahrt; dabei muss die Rückfahrt leer oder mit Aufträgen außerhalb des
  Linienverkehrs erfolgen.

Diese äußerst komplexe Planung wird in Speditionen derzeit manuell vorgenommen.
Noch schwieriger ist die Aufgabe in internationalen Speditionsnetzen, in denen weder ein
täglich getakteter Fahrplan noch eine Begrenzung der Laufzeiten auf 24 Stunden möglich
ist. Hier sind zusätzlich Entscheidungen über

- die Häufigkeit, mit der bestimmte Relationen bedient werden,
- den Einsatz verschiedener Verkehrsträger im intermodalen Verkehr mit Einfluss auf die
  Laufzeiten

zu treffen.

Tägliche Fahrzeugdisposition
Aufgabe der Fernverkehrsdisposition ist es, für die vorliegenden Transportaufträge eines
Tages

- die Abgrenzung zwischen Teilladungs- und Linienverkehr vorzunehmen,
- die Teilladungen zu Touren für einzelne Fahrzeuge zusammenzustellen.

Dabei sind die Zeitfenster für Abholung und Zustellung der einzelnen Sendungen sowie
die verfügbaren Fahrzeuge und ihre Kapazitäten zu beachten. Ziel ist die Minimierung der
Transportkosten.

Stumpf [Stu98] hat dafür verschiedene Local-Search-Verfahren entwickelt und in Pra-
xisfällen mit Erfolg erprobt. Als Veränderungsoperation dient dabei das Verschieben einer
oder mehrerer Sendungen innerhalb einer Tour oder zwischen den Touren.

Bei der Disposition von Netz-ungebundenen Ladungsverkehren müssen die laufend
eingehenden Transportaufträge den Fahrzeugen so zugewiesen werden, dass die Leerfahrten zwischen den Aufträgen minimiert werden. Dabei sind Zeitfenster und die EU-Richtli-
nien für Lenk- und Ruhezeiten sowie Arbeitszeiten einzuhalten. Für das einzelne Fahrzeug
können sich mehrwöchige Rundfahrten durch Europa ergeben. Für dieses dynamische
Pickup-and-Delivery-Problem hat Schorpp [Scho11] Local-Search-Verfahren entwickelt
und in einem Praxisfall eingesetzt.

3.2.4   Transportplanung und Bestände

Die Transportplanung hat erheblichen Einfluss auf die Bestände in einer Supply Chain. Dabei sind die verschiedenen Komponenten des Bestandes zu unterscheiden: Der *Bestand im Transport* hängt im Mittel lediglich von der Transportdauer und somit ggf. vom Transportweg ab. Der *Transportlosgrößen-Bestand* hängt von der Häufigkeit der Transporte ab, der *Sicherheits-bestand* in erster Linie von der Anzahl der Lager, in denen Bestand für das betrachtete Produkt gehalten wird. Da die Höhe der Bestände und die Transportkosten meist gegenläufig sind, ist eine gemeinsame Optimierung wichtig, vor allem aus Sicht des Eigentümers der Bestände, der die Kapitalbindungskosten trägt. Dieser Zusammenhang wird aber sowohl in der Literatur zur Transportlogistik als auch in der Praxis noch zu wenig beachtet. Einen Überblick über Problemstellungen und Methoden geben Bertazzi, Savelsbergh und Speranza [Ber08]. Im Folgenden werden zwei wichtige Fälle behandelt.

In einem Distributionsnetz werden Bestände in den ZL, ggf. auch in Werkslagern gehalten. Sie gehören dem Hersteller, der auch über die Anzahl der ZL entscheidet. Mit wachsender Anzahl ZL fallen die Transportkosten, während die Sicherheitsbestände steigen. Für letzteren Zusammenhang gibt es analytische Darstellungen leider nur unter sehr einschränkenden Annahmen. Problematisch ist, dass der Zufluss zum Distributionssystem meist durch Produktion mehrerer Produkte nacheinander auf gemeinsamen Maschinen erfolgt. Daher sind Einprodukt-Lagerhaltungsmodelle schon eine Vereinfachung; solche Modelle sollten nur mit *periodischer Kontrolle* (entsprechend dem Auflagezyklus eines Produkts) verwendet werden. Eine numerische Bestimmung der Sicherheitsbestände im konkreten Fall ist approximativ möglich, wobei auch Quertransporte zwischen den Lagern zur Senkung der Sicherheitsbestände einbezogen werden können [Dik98].

Für einen Lieferanten stellt sich im Rahmen des VMI-Konzepts das Problem, die Transportfrequenzen zu optimieren. Denn höhere Frequenzen senken den Bestand, erhöhen aber wegen der degressiven Kostenfunktionen (Abschn. 3.2.1) die Transportkosten. Auf eine einzelne Lieferanten-Abnehmer-Relation bezogen ist dies ein relativ einfaches Losgrößenproblem, das aber ggf. durch zusätzliche Nebenbedingungen erschwert wird [Fle99b]. Berücksichtigt man aber, dass mehrere Kunden in Touren angefahren werden, so liegt ein sehr komplexes *Inventory-Routing-Problem* vor. Dabei sind für jeden Kunden die Transporthäufigkeit innerhalb eines Zyklus und zugleich für die an den einzelnen Tagen anzufahrenden Kunden die Touren zu bestimmen, sodass die Kosten für die Bestände und die Touren minimal sind. Dieses Problem stellt sich analog für einen Abnehmer, der Material von mehreren Lieferanten abholen lässt. Einen Überblick über Methoden und Anwendungen geben [Tot02: Kap. 12] und [Cor06: Kap. 4].

3.2.5   Software

Kommerzielle Software zur strategischen Gestaltung von Transportnetzwerken [Fun09] wird häufig im Rahmen von Beratungsprojekten eingesetzt. Die wesentliche Datengrundlage bilden dabei:

- Mengendaten eines charakteristischen Zeitraums aus der Vergangenheit (z. B. Lieferdaten eines Jahres) mit allen relevanten Adress-, Kostentreiber- und Serviceinformationen;
- Kostenfunktionen bzw. Tarife für Transport (je Relation oder Transportstufe) und Umschlag (je Standort);
- Unveränderliche Strukturdaten des bestehenden Transportnetzes (z. B. Werke mit Standort und Produktionsprogramm, ausgewählte ZL-/UP-Standorte).

Mit Softwareunterstützung werden die übrigen bzw. neuen Komponenten des Netzwerks bzgl. der Kosten und der Serviceanforderungen optimiert. Typischerweise kommt dabei die *Szenariotechnik* zum Einsatz, die den Vergleich vieler alternativer Netzwerkausprägungen ermöglicht. Jedes Szenarioergebnis enthält u. a. alle Flüsse der Transport- und Umschlagsprozesse mit Mengen und Kosten.

Planungssoftware zur Netzwerkgestaltung umfasst mindestens die folgenden Funktionen:

- die *Auswertung der Mengendaten,* z. B. nach Sendungsgrößen und geografischer Verteilung sowie die Extrapolation dieser Daten anhand von Prognosen für die zukünftige Entwicklung;
- eine automatische Optimierung der Anzahl und Lage potenzieller neuer Standorte und ihrer Lieferbereiche (*Greenfield*-Ansatz);
- die *Verwaltung geografischer Daten* für das betrachtete Gebiet (national, international, weltweit): Dazu gehört die Entfernungsberechnung für alle potenziellen Transportrelationen, insbesondere zu den Empfangsorten der Sendungsdaten;
- einen *Solver*, der die Standorte und Transportflüsse (exakt oder heuristisch) optimiert;
- eine *grafische Benutzeroberfläche*, die eine einfache Verbindung zwischen der Netzstruktur und den zugehörigen Daten und Ergebnissen erlaubt; Abb. 3.2 zeigt als Beispiel das System PRODISI SCO [Pro14].

Typische Fragestellungen aus dem Bereich der Distributionsplanung, die mithilfe derartiger Systeme bearbeitet werden können, betreffen z. B. die Auswirkung von Veränderungen der Standorte und Produktprogramme der Werke, den Übergang von eigenen Fahrzeugen zu einem LDL sowie die Bewertung von Kooperationen zwischen Herstellern und die Optimierung des zugehörigen kooperativen Distributionssystems [Fle99a].

Dabei geht man in folgenden Schritten vor [Fle98]:

- *Simulation* der Ist-Struktur mit Ist-Kostenabrechnung durch feste Vorgabe aller Standorte und Transportwege zum Zweck der Modellvalidierung;
- Aufstellung verursachungsgerechter Kostenfunktionen, die die Wirkung struktureller Änderungen erfassen können;
- *Optimierung* der Einzugsbereiche der Lager und UP für die Ist-Standorte, um diesen Effekt von der Auswirkung der Standortveränderungen trennen zu können;
- Optimierung des Netzes unter verschiedenen Vorgaben.

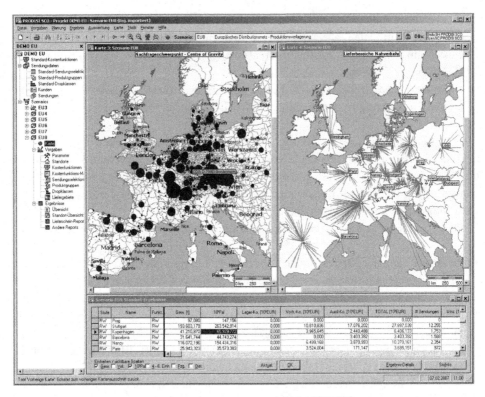

Abb. 3.2 Oberfläche der Distributionsplanungs-software PRODISI SCO

Für die Transportplanung in Zuliefer- und Speditionsnetzen wird noch wenig Standard-Software angeboten. Die strategische und taktische Planung von Paketdienstleisternetzen unterstützt das System PRODISI CEP [Pro14].

3.3   Tourenplanung

3.3.1   Aufgabenstellung

Die Tourenplanung hat im Teilladungsverkehr die Aufgabe, kleinere Transportaufträge, die einzeln ein Fahrzeug nicht auslasten, zu Touren zusammenzufassen. In den zuvor betrachteten Transportnetzen betrifft die Tourenplanung den Sammelverkehr (Zuliefernetz), Verteilverkehr (Distributionsnetz) oder beides (Speditionsnetz) im Nahbereich eines UP, hier *Depot* genannt. Die folgende Darstellung beschränkt sich auf die getrennte Planung für jeweils *ein Depot,* an dem alle Touren beginnen und enden, im Gegensatz zum *Mehrdepotproblem*, das eine Zuordnung der Touren zu verschiedenen Depots und Fahrten zwischen den Depots vorsieht.

Tourenplanungsprobleme treten nicht nur im Gütertransport, sondern auch im Personentransport, für die Straßenreinigung oder im Rahmen der Vertriebssteuerung von Außendienstmitarbeitern auf. Diese Fälle, die hier nicht betrachtet werden, können z. T. mit ähnlichen Modellen und Methoden behandelt werden.

Die räumliche Struktur, auf die sich die Tourenplanung bezieht, wird als Netzwerk aus Knoten und Kanten abgebildet. Können die Kunden als Knoten dargestellt werden (z. B. als Adresspunkte), spricht man von *knoten-orientierter* Tourenplanung. Dieser Fall überwiegt in der praktischen Anwendung bei weitem. Demgegenüber sind in *kantenorientierten* Problemen ganze Kanten als „Kunden" zu bedienen, z. B. bei der Straßenreinigung. Diese auch *Briefträgerprobleme* genannten Fälle [Dom10: Kap. 4] werden hier nicht betrachtet.

Trotz der Vielfalt und Vielzahl der Anwendungsbereiche hat sich in der Literatur des Operations Research das folgende Standardproblem der Tourenplanung etabliert, das als Ausgangspunkt für erweiterte Problemstellungen und als Referenzmodell für die Untersuchung von Lösungsverfahren dient.

Standardproblem der Tourenplanung: Eine gegebene Anzahl Kunden muss von einem Depot aus beliefert werden. Die Entfernungen zwischen den Kunden und zwischen dem Depot und den Kunden sind bekannt und symmetrisch, d. h. richtungsunabhängig. Zur Auslieferung stehen beliebig viele gleichartige Fahrzeuge zur Verfügung, die alle über die gleiche Kapazität verfügen, ihre Fahrten am Depot beginnen und dort auch wieder beenden und jeweils höchstens eine Tour übernehmen. Die Nachfragemengen der Kunden sind bekannt und müssen jeweils vollständig von einem Fahrzeug geliefert werden.

Die Zielsetzung besteht nun in der Planung von Touren, die die insgesamt zu fahrende Strecke minimieren. Dabei muss die gesamte Nachfrage befriedigt und die Fahrzeugkapazität auf jeder Tour eingehalten werden.

Unter einer *Tour* versteht man die geordnete Menge der Kunden, die gemeinsam auf einer am Depot beginnenden und endenden Fahrt bedient werden. Die Anordnung der Kunden ergibt sich aus der Belieferungsfolge. Die Menge aller Touren, die zur Deckung der gesamten Nachfrage benötigt werden, stellt das Ergebnis der Tourenplanung dar, den *Tourenplan*.

3.3.2 Planungsprobleme

Das Standardproblem der Tourenplanung stellt nur einen äußerst vereinfachten Kern der meisten praktischen Problemstellungen dar, der je nach Anwendung eine Reihe von Veränderungen und Erweiterungen erfordert. In Tab. 3.1 sind die wichtigsten Erweiterungen mit neueren Literaturhinweisen zusammengestellt.

Sehr viele unterschiedliche Tourenplanungsprobleme ergeben sich allein aus den Merkmalen der *Kunden*. Wenn – wie im Standardproblem – die Kunden und ihr jeweiliger Bedarf zum Zeitpunkt der Planung vollständig bekannt sind, spricht man von *deterministischer* Tourenplanung (z. B. Ende der Bestellannahme am Nachmittag vor dem Ausliefertag). Ein *stochastisches* Problem liegt dann vor, wenn die Liefermengen eine Zufallsverteilung aufweisen (z. B. Heizölhandel). Wenn zusätzlich auch noch die Kunden selbst erst

Tab. 3.1 Kennzeichen von Tourenplanungsproblemen (und neuere Literatur)

	Merkmal	Ausprägung	Literatur
Kunden	Standort	Knoten oder Kante	[Fle04b], [Pot06] (dynamisch, tageszeitabh. Fzt.)
	Datenverfügbarkeit	Deterministisch, stochastisch, dynamisch	
	Auftragsart	Ausliefern, Einsammeln, beides	[Lus06] (Pickup und Delivery)
	Servicebeginn	Mit oder ohne Zeitfenster	
	Verträglichkeit	Kunde-Fahrzeug oder Auftrag-Auftrag	[Cor01] (Kunden-Fahrzeug)
Fuhrpark	Zusammensetzung	Homogen oder heterogen	[Li07b] (heterogen)
	Einsatzhäufigkeit	Einfach oder mehrfach	
	Fahrzeugtypen	Motorwagen oder Hängerzüge	[Sch06] (heterogen)
	Größe	Vorgegeben oder beliebig	
		eigen oder fremd	[Kra09] (simultan für eigen und fremd)
Touren	Art	Offen oder geschlossen	[Li07a] (offen)
	Beschränkungen	Max. Tourdauer, max. Lenkzeit etc.	[Kok10] (Lenkzeit und Pausen)
	Vorgaben	Frei oder Tourengebiete oder	
		Rahmentouren	[Hau07] (Tourgebiete)
Netzwerk	Orientierung	Symmetrisch oder asymmetrisch	
	Art	Koordinaten- oder Straßennetz	
	Fahrzeiten	Konstant oder variabel	[Fle04a] (tageszeitabh. Fzt.)
Planungshorizont	Länge	Eine oder mehrere Perioden	[Fra08] (mehrere Perioden, mehrmals)
	Besuchsfrequenz	Einmal oder mehrmals	
Ziele	Kosten	Fixe und variable Fahrzeugkosten	
	Ersatzkriterien	Fahrzeugzahl, Fahrstrecke, Einsatzzeit,	
		Lieferservice, Auslastung, Umweltbelastung,	[Bek11] (Umweltverschmutzung)
		CO_2 - Austoß etc.	[Kop13] (CO_2 - Minimierung)

im Laufe des Planungshorizontes bekannt werden, handelt es sich um ein *dynamisches* Problem (z.B. Taxieinsatz, telefonisch übermittelte Eilaufträge).

Die mit dem Besuch eines Kunden verbundene Aktivität – der *Auftrag* – kann im *Ausliefern* (synonym: Zustellen) oder *Abholen* (Einsammeln) einer Ware bestehen. Geschieht beides auf derselben Tour, unterscheidet man nach Problemstellungen mit *Rücktransporten* (Rückladungen, backhauls), bei denen die eingesammelte Ware am Depot abzuliefern ist, und nach *Sammel- und Verteilproblemen* (Pickup & Delivery), bei denen die Ware auf der Tour abgeholt und zugestellt wird. Beispiele für Rücktransporte sind Retouren, Rücknahme von Pfandprodukten und Abholungen durch Paketdienste. Sammel- und Verteilprobleme finden sich z. B. im Bedarfsfernverkehr von LKWs oder bei Kurierdiensten.

Eine sehr wichtige Erweiterung des Standardproblems stellen zeitliche Eingrenzungen für die Auftragsdurchführung dar. Sogenannte *Zeitfenster* geben zulässige Zeitintervalle für den Auftragsbeginn vor. Sie resultieren z. B. aus den Arbeitszeiten und Mittagspausen der Kunden, zeitlich befristeten Halte- und Durchfahrverboten in innerstädtischen Einkaufszonen und besonderen Kundenwünschen. Ihrer praktischen Bedeutung entsprechend, existiert eine umfangreiche Literatur zur Tourenplanung mit Zeitfenstern („Vehicle routing and scheduling problem"), in der – analog zum Umgang mit dem Standardproblem – Referenzprobleme definiert werden, die zum Testen unterschiedlicher Lösungsansätze dienen.

Das Standardproblem geht von einem *homogenen Fuhrpark* aus, der sich aus gleichartigen Fahrzeugen zusammensetzt. In realen Problemstellungen unterscheiden sich die Fahrzeuge aber häufig hinsichtlich Kapazität, Größe, Ausstattung oder Einsatzzeiten, sodass ein *heterogener* Fuhrpark vorliegt.

Wenn es die zeitliche Auslastung der Fahrzeuge erlaubt, ist es meistens sinnvoll, sie nach Beendigung einer Tour am Depot neu zu beladen und eine Folgetour fahren zu lassen. Die Voraussetzungen für diesen *Mehrfacheinsatz* der Fahrzeuge – gegenüber dem *Einfacheinsatz* im Standardproblem – bilden kurze Fahrzeiten zwischen den Kunden (z. B. innerstädtischer Bereich), kurze Standzeiten bei den Kunden (stark branchenabhängig, z. B. Möbelauslieferung mit langen Standzeiten) und relativ wenige Kunden je Tour (nicht mehr als 10 bis 15).

Ein Mittel, um Schwankungen der erforderlichen Fuhrparkkapazität an unterschiedlichen Tagen zu begegnen, ist die Fremdvergabe und die Verwendung von *Anhängern*.

Die Fremdvergabe sieht die Beschäftigung von externen Frachtführern vor, deren Fahrzeuge für die Durchführung von Touren angeheuert werden und die für ihre Dienstleistungen auf Tourenbasis entlohnt werden [Kra09]. Ein Anhänger vergrößert einerseits die verfügbare Kapazität eines Fahrzeugs, andererseits setzt er aber u. U. die Geschwindigkeit herab und schränkt die Menge der belieferbaren Kunden aus Platzgründen ein. Häufig werden Anhänger auch zu Beginn einer Tour bei einem Kunden oder an einem günstigen Ort abgestellt, zeitgleich mit der weiteren Abarbeitung der Tour von einem oder mehreren Kunden mit Rücktransporten beladen und am Ende der Tour wieder abgeholt und zum Depot zurückgebracht.

Die tägliche Tourenplanung geht i. d. R. von einem vorhandenen Fuhrpark aus, auf den die Aufträge zu verteilen sind. Dabei kann der Fuhrpark aus eigenen und zusätzlichen fremden Fahrzeugen bestehen, die regelmäßig beschäftigten Frachtführern gehören und aufgrund zuvor festgelegter Kostenstrukturen in die tägliche Tourenplanung einbezogen werden. In diesem Zusammenhang stellt sich die Frage nach der *Zulässigkeit* eines Tourenplans: Ein Tourenplan ist nur dann zulässig, falls er nicht mehr als die vorgegebenen Fahrzeuge erfordert und auch alle anderen Restriktionen einhält. Im Rahmen einer strategischen *Fuhrparkoptimierung* wird die geeignetste Größe und Zusammensetzung des eigenen Fuhrparks gesucht, wobei Planung des zusätzlichen Einsatzes (mehr oder weniger abhängiger) externer Frachtführer unter Berücksichtigung der anfallenden Kosten für die Fremdvergabe mit einbezogen werden kann. Hierbei geht die Tourenplanung nicht mehr von einem fest vorgegebenen Fuhrpark aus, sondern liefert mit dem Ergebnis die Anzahl und die Eigenschaften der benötigten eigenen oder fremden Fahrzeuge.

Touren nach Art des Standardproblems stellen *geschlossene Touren* dar, sogenannte Rundreisen, mit identischen Start- und Zielpunkten der Fahrzeuge. Sie bilden die Regel für den Warentransport mit eigenem Fuhrpark von einem Depot aus und für alle Problemstellungen, in denen Zustellungen und Rückladungen gemeinsam auftreten. In der Praxis gibt es aber auch viele Beispiele für *offene* Touren: Falls die Fahrzeuge Transportdienstleistern gehören, die nach dem letzten Kunden auf der Tour nicht zum Depot, sondern zum

Startpunkt einer neuen Tour, die dem aktuellen Auftraggeber nicht bekannt ist, oder zum eigenen Stützpunkt fahren; oder falls die Fahrzeuge nach dem letzten Auftrag das nächstgelegene Depot ansteuern, das nicht notwendigerweise ihrem Abfahrtsdepot entsprechen muss.

Die meisten Touren unterliegen zeitlichen Beschränkungen. Neben einer *maximalen Tourdauer* sind dies *Pausen* und *Ruhezeiten* der Fahrer (s. z.B. [Kok10]).

Aus organisatorischen und ablauftechnischen Gründen ist es in vielen Unternehmen nicht möglich, die Tourenplanung zeitlich zwischen Auftragsannahme und fahrzeugweiser Kommissionierung der Ware zu positionieren. Teilweise gehen noch Aufträge ein, wenn die Kommissionierung bereits begonnen hat. In diesen Fällen wird häufig mit Rahmentouren oder Tourgebieten gearbeitet. Eine *Rahmentour* beschreibt eine Tour, die alle in einem mittelfristigen Planungszeitraum (ca. ein bis sechs Monate) von einem Fahrzeug zu bedienenden Kunden in der bestmöglichen Anfahrreihenfolge enthält. An jedem Tag wird nach den festgelegten Rahmentouren gefahren, wobei Kunden, die keinen Auftrag erteilt haben, in der Fahrfolge übersprungen werden. *Tourgebiete* erlauben gegenüber Rahmentouren einen größeren täglichen Optimierungsspielraum. Sie legen die Zuordnung der täglichen Aufträge zu den Fahrzeugen bzw. zu bestimmten Fahrzeuggruppen fest. Wird je Fahrzeug ein Tourgebiet eingerichtet, beschränkt sich die Tourenplanung auf die Festlegung der besten Fahrreihenfolge je Tour. Wird ein Tourgebiet hingegen mit einer Fahrzeuggruppe assoziiert – beispielsweise Transportunternehmer mit 5 bis 10 Fahrzeugen –, zerfällt das Gesamtproblem in mehrere kleinere Tourenplanungsprobleme je Gebiet. Die Organisationsform der Tourgebiete (fahrzeug- und fahrzeuggruppenweise) findet man überwiegend bei großen Stückgutspediteuren und Paketdiensten. Weitere Argumente der Praxis gegen eine tägliche *freie Optimierung* der Touren sind besondere Ortskenntnisse der Fahrer in bestimmten Regionen oder Stadtteilen und persönliche Vertrauensverhältnisse zwischen Fahrern und Kunden, die einem wechselnden Fahrereinsatz entgegenstehen.

Das Standardproblem unterstellt *symmetrische Entfernungen* auf dem *Netzwerk*, das der Tourenplanung zugrunde liegt. In der Realität kann die Fahrstrecke von Kunde A zu Kunde B aber von derjenigen abweichen, die in der Gegenrichtung von B zu A benötigt wird. Einbahnstraßen und Abbiegevorschriften erzwingen hier häufig *asymmetrische* Entfernungen.

Generell unterscheidet man zwischen *Koordinaten- und Straßennetzen*. Im ersten Fall wird der Luftlinienabstand zwischen zwei Kunden über die Standortkoordinaten berechnet. Die derart erzielten Entfernungen sind allerdings zu ungenau, um sie auf reale Problemstellungen anzuwenden. Stattdessen werden digitale Straßenkarten verwendet; das sind Netzwerke aus Knoten und gerichteten und bewerteten Kanten, die auf der gleichen Datenbasis wie Fahrzeugnavigationssysteme beruhen. Der Abstand zwischen zwei Kunden in einem Straßennetz entspricht der Länge des *kürzesten Weges* zwischen den Kundenstandorten. Für einen Überblick über Verfahren zur Berechnung von kürzesten Wegen sei auf [Dom07: Kap. 4] verwiesen.

Der Abstand zwischen zwei Kunden muss nicht notwendigerweise der Fahr*strecke* entsprechen. Häufig ist es sinnvoller, Distanzen mit der Fahr*zeit* zu bewerten (z. B. in der

Planung mit Zeitfenstern). Die Fahrzeit wird gewöhnlich über die Entfernung und eine Durchschnittsgeschwindigkeit der Fahrzeuge geschätzt und als im Zeitablauf konstant angesehen. Tatsächlich aber sind die Fahrzeiten *tageszeitabhängig* (Berufsverkehr) und unterliegen stochastischen Einflüssen (Unfälle, Staus).

Die tägliche Tourenplanung umfasst einen *Planungshorizont* von einem Tag. Strategische Planungen (z. B. Fuhrparkoptimierung, Planung von Rahmentouren und Tourgebieten) setzen einen Horizont von mehreren Wochen und Monaten voraus und basieren oft auf entsprechenden Vergangenheitsdaten. Die Planung von mehreren Tagen und Wochen, die gleichzeitig mit der Zuordnung der Kunden zu den Touren auch die Zuordnung der Kunden zu den Tagen des Planungshorizonts festlegt, heißt *mehrperiodische Tourenplanung* (auch: Wochen-, Monatsplanung; [Fra08]). In der mehrperiodischen Planung sind die *Besuchsfrequenzen* der Kunden zu beachten, also Angaben darüber, ob Kunden z. B. täglich, dreimal je Woche oder nur alle zwei Wochen bedient werden. Dieses Planungsproblem liegt beispielsweise in der Besuchsplanung eines Außendienstmitarbeiters vor.

So unterschiedlich wie die dargestellten Restriktionen können auch die *Ziele* einer Tourenplanung sein. Ein naheliegendes Ziel ist die *Minimierung der Transportkosten*. Wegen der manchmal schwierigen Quantifizierung der fixen und variablen Fahrzeugkosten greift die Tourenplanung üblicherweise auf die Ersatzkriterien *Fahrzeugzahl* und *Fahrstrecke* bzw. *Einsatzzeit* zurück. Aber auch ganz andere, teilweise in Konkurrenz zueinander stehende Zielkriterien sind möglich: Maximierung des *Lieferservice* (genaue Einhaltung aller Zeitvorgaben), möglichst *gleichmäßige zeitliche Auslastung* der eingesetzten Fahrzeuge. In letzter Zeit haben ökologische Zielsetzungen stark an Bedeutung gewonnen, indem eine Reduktion der mit Transportprozessen verbundenen Umweltbelastungen [Bek11; Kop14] angestrebt wird. Der augenscheinlichste Zielkonflikt besteht zwischen den minimalen Transportkosten und dem maximalen Lieferservice: Hier Pläne mit wenigen, kurzen und klar voneinander abgegrenzten Touren und dort Pläne mit vielen, einander überlagernden Touren. Generell neigen Disponenten und Logistikleiter dazu, optisch ansprechende Tourenpläne zu bevorzugen, was die Bedeutung des Zieles der Streckenminimierung unterstreicht.

3.3.3 Lösungsverfahren

Das in Abschn. 3.3.1 beschriebene Standardproblem der Tourenplanung setzt sich aus zwei kombinatorischen Optimierungsproblemen zusammen: dem *Zuord-nungsproblem* der Kunden zu Touren und dem *Reihenfolgeproblem* innerhalb jeder Tour. Die Festlegung der optimalen Reihenfolge innerhalb einer Tour wird üblicherweise als *Rundreiseproblem* bzw. *Traveling Salesman Problem* (TSP) bezeichnet und gehört zu den in der Operations-Research-Literatur am ausführlichsten behandelten Problemstellungen [Grü05b: Kap. 5].

Sowohl das TSP als auch seine Erweiterung, das VRP (Vehicle Routing Problem, Tourenplanungsproblem), gehören zur Klasse der NP-vollständigen Probleme [Grü05a: Abschn. 2.7]. Damit muss für diese beiden Probleme (und für alle zuvor genannten

Erweiterungen) davon ausgegangen werden, dass die Rechenzeit von Optimierungsalgo-rithmen im ungünstigsten Fall exponentiell mit der Problemgröße, das ist die Kundenzahl, ansteigt.

Aus diesem Grund haben exakte Verfahren zur Tourenplanung bisher nur geringe Bedeu-tung für praktische Problemstellungen mit oft mehreren hundert Kunden und schwierigen Nebenbedingungen erlangen können. Exakte Lösungsansätze bauen i. d. R. auf gemischt-ganzzahligen Optimierungsmodellen auf und setzen u. a. Methoden des Branch & Bound, des Branch & Cut und des Set Partitioning ein [Cor06; Tot02: Kap. 2–4].

Für den praktischen Einsatz kommen hauptsächlich heuristische Lösungsverfahren in Betracht. Diese lassen sich einteilen in (klassische) Eröffnungs- und Verbesserungs-verfahren sowie in (moderne) Metaheuristiken [Tot02: Kap. 5–6; Cor02]. Im Folgenden werden die wichtigsten Vertreter dieser Verfahrensklassen für die Tourenplanung kurz beschrieben.

Dabei gelten die Bezeichnungen

d_{ij} (symmetrische) Entfernung zwischen den Kunden (i, j = 1, ... , n) und zwischen Depot (i = 0) und Kunden j.

Eröffnungsverfahren

Die bedeutendsten Eröffnungsverfahren zur Tourenplanung wurden in den 60er und 70er Jahren entwickelt.

- *Savings*. Die Idee, Touren anhand von Ersparnissen („savings") zu bilden, geht auf [Cla64] zurück. Das Savingsverfahren setzt sich aus den folgenden Schritten zusam-men (Abb. 3.3a).

  (1) Start: Initialisiere den Tourenplan mit allen Pendeltouren, d. h. jeder Kunde liegt auf einer separaten Tour, die Anzahl der Touren ist gleich der Anzahl n der Kunden. Berechne für jedes Kundenpaar (i, j) den *Savingswert* s_{ij}, das ist die Ersparnis, die aus der Zusammenlegung der beiden Pendeltouren zu einer Tour resultiert, gemäß

  $$s_{ij} = d_{0i} + d_{j0} - d_{ij} \quad i, j = 1,...,n \text{ und } i \neq j. \tag{3.1}$$

  Sortiere alle Savingswerte in absteigender Folge.

  (2) Iteration:

  (2.1) Suche in Reihenfolge der sortierten s_{ij} das nächste Kundenpaar mit i und j als Randkunden (d. h. an erster oder letzter Position) der Touren T_i und T_j, $T_i \neq T_j$. Falls kein solches Paar gefunden wird, gehe zu (3).

  (2.2) Falls die durch Zusammenlegung der Touren T_i und T_j an der Stelle (i, j) entste-hende Tour T^* unzulässig ist, gehe zu (2.1).

  (2.3) Aktualisiere den Tourenplan durch Entfernen von T_i und T_j und Hinzufügen von T^*.

  (3) Stopp: Alle möglichen Paare (i, j) sind untersucht worden.

Der dargestellte Algorithmus gehört zur Gruppe der parallelen Eröffnungsverfahren, d. h. alle Touren werden gleichzeitig gebildet. Ein alternativer sequenzieller Savingsansatz beginnt mit einer aus einem ausgewählten Ort bestehender Tour und erweitert in jeder Iteration nur die jeweils betrachtete Tour am Anfang oder Ende. Ist eine Erweiterung nicht mehr möglich, wird eine neue Tour begonnen.

In der Literatur zur Tourenplanung werden eine Vielzahl von Varianten, Erweiterungen und Implementierungsaspekten des Savingsverfahrens diskutiert [Tot02: Abschn. 5.2].

- *Sweep*. Das Verfahren von Gillett und Miller [Gil74] orientiert sich sehr stark an der räumlichen Anordnung der Kunden und setzt ein zentral gelegenes Depot voraus (Abb. 3.3b).
  - (1) Start: Wähle einen Startkunden aus und sortiere alle Kunden nach aufsteigendem Polarwinkel mit Bezug auf den Startkunden. Initialisiere die erste Tour mit dem Startkunden.
  - (2) Iteration: Falls zulässig, erweitere die aktuell betrachtete Tour mit dem nächsten unverplanten Kunden entsprechend der anfänglichen Sortierung (entgegen dem Uhrzeigersinn). Falls dies nicht zulässig ist, beginne eine neue Tour mit dem Kunden.
  - (3) Stopp: Alle Kunden sind verplant.

  Einfache Möglichkeiten zur Erzeugung mehrerer alternativer Tourenpläne sind die wiederholte Ausführung des Verfahrens mit wechselnden Startkunden und die Ausführung in umgekehrter Sortierfolge.

  Die Sweep-Methode fällt in die Klasse der sequenziellen Route-first-Cluster-second-Verfahren („Route": Sortierung aller Kunden anhand Polarkoordinaten; „Cluster": Aufsplittung in die einzelnen Touren).

- *Einfügung*. Die sukzessive Einfügung einzelner unverplanter Kunden in die aktuelle Lösung ist ursprünglich als TSP-Methode entstanden und lässt sich auf Tourenplanungsprobleme übertragen (Abb. 3.3c) [Tot02: Kap. 5].
  - (1) Start: Initialisiere die erste Tour mit dem Kunden, der am weitesten vom Depot entfernt ist.
  - (2) Iteration:
  - (2.1) Suche für jeden unverplanten Kunden k die beste zulässige Einfügeposition zwischen zwei Kunden i und j in der aktuell betrachteten Tour. Die beste Position

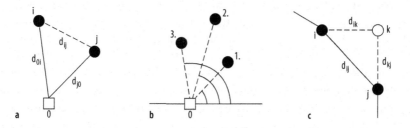

Abb. 3.3 Grundprinzipien von Eröffnungsverfahren. a Savings; b Sweep; c Insertion

bestimmt sich über die minimalen Einfügungskosten $c_{ij} = d_{ik} + d_{kj} - d_{ij}$. Ist eine zulässige Erweiterung der Tour nicht möglich, gehe zu (2.3).

(2.2) Füge den Kunden, der von allen in Schritt (2.1) gefundenen Kunden die minimalen Einfügungskosten verursacht, an der entsprechenden Position in die Tour ein. Gehe zu (2.1).

(2.3) Falls alle Kunden verplant sind, gehe zu (3). Anderenfalls initialisiere eine neue Tour mit dem am weitesten vom Depot entfernten unverplanten Kunden und gehe zu (2.1).

(3) Stopp: Alle Kunden sind verplant.

Die skizzierte Einfügungsmethode konstruiert die Touren sequenziell. Durch andere Initialisierungen neuer Touren (Schritte (1) und (2.3)) und unterschiedliche Definitionen der Einfügungskosten können eine Vielzahl unterschiedlicher Varianten dieser Vorgehensweise erzeugt werden. Parallele Einfügungsverfahren wurden u. a. von Liu und Shen [Liu99] vorgestellt.

- *Fisher/Jaikumar.* Das Cluster-first-Route-second-Verfahren von Fisher und Jaikumar [Fis81] zerlegt das Tourenplanungsproblem explizit in ein Zuordnungs- und ein Reihenfolgeproblem.

(1) Start: Lege die Anzahl der zu planenden Touren entsprechend der Fahrzeugzahl fest. Initialisiere jede Tour mit einem bestimmten Koordinatenpunkt (Seed Point).

(2) Iteration: Löse ein verallgemeinertes Zuordnungsproblem (Generalized Assignment Problem, GAP), um die Aufträge den Touren unter Einhaltung der Kapazitätsvorgaben zuzuordnen. Bestimme anschließend die Reihenfolge innerhalb jeder Tour durch ein TSP-Verfahren. Passe die Kosten für das GAP der nächsten Iteration anhand der aktuellen Lösung an.

(3) Stopp: Ein vorgegebenes Abbruchkriterium wird erreicht (z. B. maximale Anzahl Iterationen).

Der Ansatz von Fisher und Jaikumar zeichnet sich durch die Dekomposition des Gesamtproblems in einfachere Teilprobleme aus. Das Verfahren an sich stellt einen exakten Optimierungsansatz dar, wird aber aus Rechenzeitgründen i. d. R. vorzeitig abgebrochen.

Die vier vorgestellten Eröffnungsverfahren wurden ausgiebig anhand von Testdaten für das Standardproblem und für die wichtigste Erweiterung, die Kundenzeitfenster, untersucht und verglichen. Zusammenfassend lässt sich feststellen, dass das Verfahren von Fisher und Jaikumar die besten Ergebnisse für das Standardproblem erzielt, sich aber nur schwer an Probleme mit Zeitfenstern anpassen lässt. Savings- und Insertionmethode liefern für beide Problemklassen akzeptable Ergebnisse (bei Verwendung von Parametervariationen), während die Güte der Sweepmethode sehr stark von der geografischen Verteilung der Kunden und der relativen Lage des Depots abhängt. Das Sweepverfahren spielt heute in Theorie und Praxis keine Rolle mehr; der Ansatz von Fisher/Jaikumar, insbesondere die Verwendung von Seed Points zur Initialisierung der Touren, wird gelegentlich noch erwähnt [Bak99]; die Elemente des Savings- und Einfügungsalgorithmus finden sich hingegen in den meisten Softwaresystemen zur Tourenplanung wieder. Ausschlaggebend dafür ist die große Flexibilität dieser Verfahren, die die meisten der im vorangehenden Kapitel beschriebenen Restriktionen berücksichtigen können, und die im Vergleich zu anderen Ansätzen kurze Rechenzeit.

Das Ergebnis eines Eröffnungsverfahrens stellt i. d. R. nicht die endgültige und beste Lösung eines Tourenplanungsproblems dar. Einerseits kann es durch den Einsatz von Verbesserungsheuristiken weiter verfeinert werden; andererseits dient es häufig als Anfangslösung für eine aufwendigere Metaheuristik.

Verbesserungsverfahren

Verbesserungen an einem gegebenen Tourenplan können in zwei Gruppen eingeteilt werden: Änderungen der Reihenfolge innerhalb einzelner Touren und Änderungen der Zuordnung der Kunden zu Touren.

Alle Verbesserungsverfahren versuchen, die derzeitige Lösung durch Anwendung von *Tauschoperationen* zu verbessern. Eine Tauschoperation ersetzt Kanten der Ausgangslösung durch neue Kanten, die bisher nicht in der Lösung enthalten sind. Eine Kante $\{i,j\}$ stellt dabei die Verbindung zwischen den Kunden i und j dar (nicht zu verwechseln mit den Kanten zwischen den Knoten des zugrundeliegenden Netzes). Üblicherweise wird eine Tour mit n Kunden als $(0, 1, \ldots, n, n + 1)$ geschrieben, d. h. das Depot wird zweimal aufgeführt, an Position 0 und an Position $n + 1$, und jeder Kunde wird anhand seiner Position innerhalb der Tour identifiziert.

Das *2-opt-Verfahren* für das Rundreiseproblem [Grü05b: Abschn. 5.7.2] versucht solange, zwei Kanten $\{j, j + 1\}$ und $\{k, k + 1\}$ aus der aktuellen Tour gegen die Kanten $\{j, k\}$ und $\{j + 1, k + 1\}$ zu ersetzen, bis keine weitere Verbesserung mehr erzielt werden kann. Eine Verbesserung, d. h. ein *profitabler Kantentausch*, liegt dann vor, wenn die Tour durch den Tausch verkürzt wird, also wenn $d_{jk} + d_{j+1,k+1} < d_{j,j+1} + d_{k,k+1}$. Neben der Profitabilität entscheidet die *Zulässigkeit* über die Durchführung eines Austausches. Die Tour muss nicht nur kürzer werden, sondern auch zulässig hinsichtlich aller betrachteten Restriktionen wie z. B. Zeitfenster bleiben. In der Literatur werden TSP-Verfahren wie das 2-opt i. Allg. derart beschrieben, dass sie den ersten als profitabel und zulässig erkannten Austausch sofort durchführen und anschließend von vorne starten. Alternativ können z. B. zunächst alle möglichen Tauschoperationen untersucht und anschließend die profitabelste (und zulässige) ausgeführt werden.

Deutlich rechenintensiver, aber auch mit besseren Ergebnissen als 2-opt stellt sich das *3-opt-Verfahren* dar. Diese Methode entfernt in jeder Iteration drei Kanten aus der Tour und testet jede der sieben Möglichkeiten, sie durch drei neue Kanten zu ersetzen. Wird 2-opt vor 3-opt ausgeführt, kann 3-opt sich auf vier der sieben Tauschalternativen beschränken und rechnet spürbar schneller.

Verfahren, die Austausche zwischen verschiedenen Touren vornehmen, betrachten häufig nur zwei unterschiedliche Touren. Mögliche Tauschoperationen sind dann beispielsweise das Verschieben eines Kunden von einer Tour in eine andere, das Vertauschen von zwei Kunden aus zwei verschiedenen Touren oder der Wechsel von Teilstücken mit mehreren Kunden zwischen zwei Touren [Tot02: Kap. 5].

Beim Einsatz von TSP-Verfahren im Rahmen der Tourenplanung ist insbesondere die Überprüfung der Zulässigkeit eines Tausches zu beachten. Ein 2-opt-Tausch bewirkt beispielsweise die Umkehrung der Fahrtrichtung auf einem Teilstück der Tour. Dadurch können Zeitfenster oder Vorgängerbeziehungen zwischen Kunden verletzt werden. Um die Zulässigkeitstests in jedem Verfahrensschritt schnell durchführen zu können, werden in der Literatur verschiedene Vorgehensweisen vorgeschlagen, die vor allem eine systematische Reihenfolge bei der Abarbeitung der Austauschmöglichkeiten voraussetzen [Irn06].

Metaheuristiken

Seit den 1990er Jahren hat sich die Forschung auf dem Gebiet der Tourenplanung zunehmend mit der Entwicklung von Metaheuristiken [Gen10a] beschäftigt, die auch in anderen Gebieten des Operations Research erfolgreich eingesetzt werden. Metaheuristiken wenden bei der Erforschung des Lösungsraums übergeordnete Suchstrategien an, um lokale Minima und zyklische Wiederholungen zu vermeiden. Im Vergleich zu den klassischen Eröffnungs- und Verbesserungsverfahren erfolgt eine sehr viel aufwändigere und gründlichere heuristische Lösungssuche. Sie ist erst durch die Fortschritte in der Computertechnik möglich geworden. Metaheuristiken lassen sich in drei Klassen einteilen [Cor06]: Local-Search-Verfahren, Evolutionsstrategien und Lernmechanismen.

Local-Search-Verfahren versuchen solange, eine gegebene zulässige Lösung weiter zu verbessern, bis ein Abbruchkriterium erfüllt ist. In jeder Iteration wird die aktuelle Lösung in eine „ähnliche", nicht notwendigerweise bessere Lösung überführt. Dabei werden häufig Tauschoperationen wie in den beschriebenen Verbesserungsverfahren eingesetzt. Aus den verschiedenen Local-Search-Ansätzen zur Tourenplanung [Cor05] ragten bis zur Jahrtausendwende zunächst die *Tabu-Search-Methoden* heraus, die für eine Reihe von Testdatensätzen für das Standardproblem mit 50 bis 200 Kunden (ohne und mit Zeitfenstern) die optimalen bzw. besten bis dahin bekannten Lösungen fanden, z. B. [Gen94]. Auch *Simulated Annealing* lieferte gute Resultate, verhielt sich aber nicht besonders robust bei unterschiedlichen Problemstellungen. Ein weiterer, viel beachteter Algorithmus auf der Grundlage des *Deterministic Annealing* stammt von [Li05].

Evolutionsstrategien basieren auf dem Prinzip, bekannte Lösungen (oder Teile davon) zu neuen Lösungen zu kombinieren. Während die in diese Klasse gehörenden *Genetischen Algorithmen* sich im Bereich der Tourenplanung zunächst nicht richtig durchsetzen konnten, gibt es neuere leistungsfähige Ansätze, aufgrund derer die Bedeutung genetischer Algorithmen für Tourenplanungsprobleme zugenommen hat. Einen Überblick zu genetischen Algorithmen für das Tourenplanungsproblem liefert [Pot09]. Ebenso zu der Klasse der Evolutionsstrategien gehören Verfahren, die die Idee der „lernfähigen Speicher" (*Adaptive Memory*) nutzen. Diese Idee ist Bestandteil der z. Z. besten Tourenplanungsverfahren. Der adaptive Speicher merkt sich gute Lösungen (Touren) und wird im Laufe der Verfahren ständig aktualisiert. Dieses Prinzip lässt sich gut mit Local-Search-Ansätzen kombinieren, wie das hinsichtlich Lösungsqualität und Rechengeschwindigkeit gleichermaßen herausragende Verfahren von Mester und Bräysy beweist [Mes05].

Lernmechanismen wenden allgemeine Prinzipien zur Erfassung und zum Verständnis komplexer Sachverhalte an, um Probleme aus dem Bereich des Operations Research zu lösen. Die bekanntesten Vertreter dieser Klasse sind die *Neuronalen Netze*, die jedoch bisher wenig geeignet für Tourenplanungsprobleme erscheinen. Einzig *Ameisenkolonie*-Algorithmen können vereinzelt mit Local-Search-Verfahren und Evolutionsstrategien mithalten [Rei04].

Beim gegenwärtigen Stand der Forschung sind Metaheuristiken unter allen verfügbaren Verfahrenstypen die beste Wahl für die Lösung großer Probleminstanzen der Tourenplanung. Außer Metaheuristiken besitzen hybride Verfahren, bei denen Heuristiken mit exakten Optimierungsansätzen zu sogenannten Matheuristiken (Matheuristics als Synonym für Hybridizing Metaheuristics and Mathematical Programming, vgl. z.B. [Man10]) kombiniert werden, viel Entwicklungspotenzial, das jedoch noch nicht genügend erforscht ist. Die Entwicklung von Matheuristiken wird zurzeit intensiv vorangetrieben, wobei die bisherigen Ergebnisse hoffen lassen, dass diese Verfahren in absehbarer Zukunft die Effizienz der bewährten Metaheuristiken erreichen könnten. Viele der derzeit besten bekannten Lösungen, die beim Testen von sehr großen Benchmark-Instanzen gefunden werden konnten, werden mit Metaheuristiken erzielt, die auf den Prinzipien des LNS (Large Neighborhood Search) basieren. Sehr große Nachbarschaften erhöhen die Chance, besonders gute Lösungen zu finden, wobei allerdings mit der Größe der Nachbarschaft gleichzeitig auch der Aufwand zum Durchsuchen der Nachbarschaft steigt. Deshalb verwenden erfolgreiche Verfahren intelligente Techniken zur (partiellen) Exploration der Nachbarschaften. [Rop06] und [Pis07] verwenden die Idee der adaptiven LNS, bei der in einer iterativen Vorgehensweise mehrere konkurrierende Nachbarschaften zur Modifikation der aktuellen Basislösung verwendet werden können. Weitere effiziente Lösungsansätze sind in [Irn08, Pis07, Kyt07] zu finden. Eine Übersicht über Verfahren zur Lösung sehr großer Tourenplanungsprobleme und einen Vergleich der zurzeit leistungsfähigsten Algorithmen zur Tourenplanung liefert [Gen10b].

3.3.4 Software

Kommerzielle Systeme zur Tourenplanung werden unternehmensintern je nach Aufgabenstellung und Planungshorizont (taktisch oder operativ) entweder im Logistik-Management oder in der Disposition installiert. Über Schnittstellen tauschen sie Daten mit anderen Systemen der Unternehmens-EDV (Auftragsverwaltung, Fakturierung etc.) aus. Im operativen Einsatz kommen häufig mobile Komponenten hinzu, die die Kommunikation mit den Fahrern und die Fahrzeugnavigation unterstützen.

Tourenplanungssoftware besteht mindestens aus den folgenden *Bausteinen*:

- Schnittstellen: Automatischer Import und Export aller benötigten Daten;
- Grafische Benutzeroberfläche: Digitalisierte Straßenkarte, tabellarische und diagrammgestützte Darstellungen;

- Planungsfunktionen: Automatisch, interaktiv und manuell;
- Restriktionen: Berücksichtigung aller wichtigen praktischen Nebenbedingungen (Abschn. 3.3.2);
- Ergebnisausgabe: Statistiken, Drucklisten, Archivierung.

Die *Datengrundlage* der computergestützten Tourenplanung bilden Informationen über Kunden, Fahrzeuge, das Straßennetz und Restriktionen. Aus der Lieferadresse eines Kunden wird die Position innerhalb des Straßennetzes bestimmt. Dieser automatische oder per Anwendervorgabe ablaufende Prozess wird häufig *Verortung* oder *Geocodierung* genannt. In diesem Zusammenhang ist auch ein Abgleich der möglicherweise unvollständigen oder unkorrekt geschriebenen Adressen mit den im System enthaltenen Orts- und Straßendatenbanken erforderlich. Weiterhin müssen Daten über die Auftragsmenge, die Dauer der Auftragsdurchführung und eventuelle Restriktionen wie Zeitfenster oder Zusammenladungsverbote vorliegen. Die *Mengenangaben* müssen Rückschlüsse über die beanspruchte *Fahrzeugkapazität* zulassen. Neben Gewichten sind insbesondere Volumenkennzahlen (Paletten, Stellplätze, cbm etc.) sehr hilfreich, aber auch manchmal nur mit großem Aufwand verfügbar (z. B. Sammelgutspeditionen mit heterogenen Waren).

Alle *Zeitangaben* im Rahmen der Planung sind Schätzwerte. Ihre Genauigkeit hat großen Einfluss auf die Umsetzbarkeit des Planungsergebnisses in die Praxis. Bei der Vorgabe von Zeitfenstern für die Auftragsdurchführung ist beispielsweise zu unterscheiden zwischen den Zeiten, die der Vertrieb mit den Kunden abgesprochen hat, und denen, die die Kunden tatsächlich akzeptieren. Während Fahrzeiten auf der Basis digitalisierter Straßenkarten relativ genau vorhergesagt werden können (von zufälligen Einflüssen wie Staus und Unfällen abgesehen), ist die Unsicherheit bei den Standzeiten (Auftragsdauer) i. d. R. branchenabhängig (gleichartige/unterschiedliche, kleine/große, schwere/leichte Güter).

Die *Benutzeroberfläche* eines Tourenplanungssystems soll die Komplexität der zu lösenden Optimierungsprobleme vor dem Anwender weitestgehend verbergen. Dazu gehören eine intuitive Bedienbarkeit der Software und die individuell anpassbare Hervorhebung der wichtigsten Kennzahlen und Bearbeitungsschritte. Die Datendarstellung in Karten- und Listenform hat sich als eine Art Standard etabliert (s. als Beispiel die Oberfläche der Software PROTOUR [Pro14] in Abb. 3.4).

Viele kommerzielle Planungssysteme rechnen noch mit Varianten oder Kombinationen der klassischen Lösungsmethoden (Savings, Einfügung, Verbesserung). Die Nutzung von Metaheuristiken nimmt jedoch allgemein zu und wird durch die Verfügbarkeit immer schnellerer Hardware weiter gefördert.

In Deutschland liegt der Einsatzschwerpunkt von Tourenplanungssoftware im Außendienst und bei der verladenden Industrie. Für das Transportgewerbe haben die mobilen Anwendungen Kommunikation, Navigation und Ortung eine größere Verbreitung als die zentrale Planung.

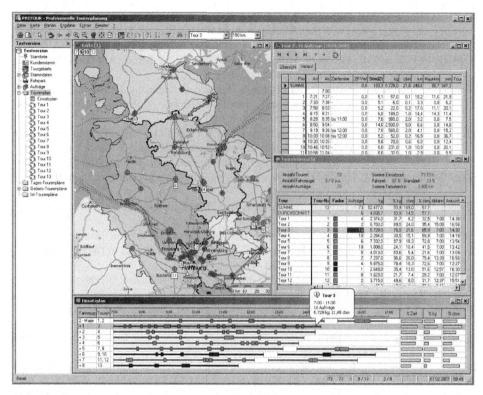

Abb. 3.4 Oberfläche der Tourenplanungssoftware PROTOUR

Literatur

[Ahu93]   Ahuja, R.K.; Magnanti, T.L.; Orlin J.B.: Network Flows. New Jersey: Prentice-Hall 1993

[Ami97]   Amiri, A.; Pirkul, H.: New formulation and relaxation to solve a concave cost network flow problem. JORS 48 (1997) 278–287

[Bak99]   Baker, B.M.; Sheasby, J.: Extensions to the generalised assignment heuristic for vehicle routing. EJOR 119 (1999) 147–157

[Bek11]   Bektas, T.; Laporte, G.: The pollution routing problem. Transp Res Part B 45 (2011) 1232–1250

[Ber08]   Bertazzi, L.; Savelsbergh, M.; Speranza, M.G.: Inventory Routing. In: Golden, B.; Raghavan, S.; Wasil, E. (Eds.): The Vehicle Routing Problem – Latest Advances and New Challenges, Springer 2008, S. 49–72

[Büd00]   Büdenbender K.; Grünert T.; Sebastian H.-J.: A Hybrid Tabu Search Branch-and-Bound Algorithm for the Direct Flight Network Design Problem. Transp. Science 34 (2000) 364–380

[Cla64]   Clarke, G.; Wright, J.W.: Scheduling vehicles from a central delivery depot to a number of delivery points. ORQ 12 (1964) 568–581

[Cor01]   Cordeau, J.-F.; Laporte, G.: A tabu search algorithm for the site dependent vehicle routing problem with time windows. Information Systems and Operations Research 39 (2001) 292–298

[Cor02]   Cordeau, J.-F.; Gendreau, M.; Laporte, G.; Potvin, J.-Y.; Semet, F.: A guide to vehicle routing heuristics. JORS 53 (2002) 512–522

[Cor05]   Cordeau, J.-F.; Gendreau, M.; Hertz, A.; Laporte, G.; Sormany, J.S.: New heuristics for the vehicle routing problem. In: Langevin, A.; Riopel, D. (Eds.): Logistics Systems: Design and Optimization, Springer 2005, S. 279–297

[Cor06]   Cordeau, J.-F.; Laporte, G.; Savelsbergh, M.W.P.; Vigo, D.; Vehicle Routing. In: Barnhart, C.; Laporte, G. (Eds.): Handbooks in Operations Research & Management Science (Vol. 14): Transportation. Amsterdam (Niederlande): North-Holland 2006, S. 367–428

[Cra97]   Crainic, T.G.; Laporte, G.: Planning models for freight transportation. EJOR 97 (1997) 409–438

[Cra00]   Crainic, T.G.: Service network design in freight transportation. EJOR 122 (2000) 272–288

[Dik98]   Diks, E.B.; de Kok, A.G.: Transshipments in adivergent 2-echelon distribution system. In: Fleischmann, B.; van Nunen, J.A.E.E. et al. (Eds.): Advances in Distribution Logistics. Berlin: Springer 1998, S. 423–448

[Dom96]   Domschke, W.; Drexl, A.: Logistik: Standorte. 4. Aufl. München: Oldenbourg 1996

[Dom07]   Domschke, W.: Logistik: Transport. 5. Aufl. München: Oldenbourg 2007

[Dom10]   Domschke, W.; Scholl, A.: Logistik: Rundreisen und Touren. 5. Aufl. München: Oldenbourg 2010

[Fis81]   Fisher, M.L.; Jaikumar, R.: A generalized assignment heuristic for vehicle routing. Networks 11 (1981) 109–124

[Fle93]   Fleischmann, B.: Designing distribution systems with transport economies of scale. EJOR 70 (1993) 31–42

[Fle98]   Fleischmann, B.: Design of Freight Traffic Networks. In: Fleischmann, B.; van Nunen, J.A.E.E. et al. (Eds.): Advances in Distribution Logistics. Berlin: Springer 1998, S. 55–81

[Fle99a]   Fleischmann, B.: Kooperation von Herstellern in der Konsumgüterdistribution. In: Engelhard, J., Sinz, E. (Hrsg.): Kooperation im Wettbewerb. Wiesbaden: Gabler 1999, S. 169–186

[Fle99b]   Fleischmann, B.: Transport and Inventory Planning with discrete Shipment Times. In: Speranza, M.G.; Stähly, P. (Eds.): New Trends in Distribution Logistics. Berlin: Springer 1999, S. 159–178

[Fle04a]   Fleischmann, B.; Gietz, M.; Gnutzmann, S.: Time varying travel times in vehicle routing. Transportation Science 38 (2004) 160–173

[Fle04b]   Fleischmann, B.; Gnutzmann, S.; Sandvoß, E.: Dynamic vehicle routing based on online traffic information. Transportation Science 38 (2004) 420–433

[Fra08]   Francis, P.M.; Smilowitz, K.R.; Tzur, M.: The periodic vehicle routing problem and its extensions. In: Golden, B.; Raghavan, S.; Wasil, E. (Eds.): The Vehicle Routing Problem – Latest Advances and New Challanges, Springer 2008, S. 73–102

[Fun09]   Funaki, K.: State of the Art Survey of Commercial Software for Supply Chain Design. Georgia Institute of Technology, Supply Chain and Logistics Institute, White Paper 2009

[Gen94]   Gendreau, M.; Hertz, A.; Laporte, G.: A tabu search heuristic for the vehicle routing problem. Man. Sc. 40 (1994) 1276–1290

[Gen10a]   Gendreau, M.; Potvin, J-Y. (Eds.): Handbook of Metaheuristics, Second Edition. Springer 2010

[Gen10b]   Gendreau, M.; Tarantilis, C.D.: Solving large-scale vehicle routing problems with time windows: The state of the art. Working Paper. CIRRELT-2010-04

[Geo95] Geoffrion, A.M.; Powers, R.F.: Twenty years of strategic distribution systems design: an evolutionary perspective. Interfaces 25 (1995) 105–127

[Gil74] Gillett, B.; Miller, L.: A heuristic algorithm for the vehicle dispatching problem. ORQ 22 (1974) 340–349

[Grü05a] Grünert, T.; Irnich, S.: Optimierung im Transport. Bd. I: Grundlagen. Shaker: Aachen 2005

[Grü05b] Grünert, T.; Irnich, S.: Optimierung im Transport. Bd. II: Wege und Touren. Shaker: Aachen 2005

[Hau07] Haugland, D.; Ho, S.C.; Laporte, G.: Designing delivery districts for the vehicle routing problem with stochastic demands. EJOR 180 (2007) 997–1010

[Hol98] Holmberg, K; Hellstrand, J.: Solving the Uncapacitated Network Design Problem by a Lagrangean Heuristic and Branch-and-Bound. Operations Res. 46 (1998) 247–259

[Hol00] Holmberg, K.; Yuan, D.: A Lagrangian Heuristic based Branch-and-Bound Approach for the capacitated network design problem. Operations Res. 48 (2000) 461–481

[Irn06] Irnich, S.; Funke, B.; Grünert, T.: Sequential search and its application to vehicle-routing problems. C & OR 33 (2006) 2405–2429

[Irn08] Irnich, S.: A unified modeling and solution framework for vehicle routing and local search-based metaheuristics. INFORMS Journal of Computing 20 (2008) 270–287

[Klo05] Klose, A.; Drexl, A.: Facility location models for distribution system design. EJOR 162 (2005) 4–29

[Kok10] Kok, A. L.; Meyer, C. M.; Kopfer, H.; Schutten, J. M. J.: A Dynamic Programming Heuristic for the Vehicle Routing Problem with Time Windows and the European Community Social Legislation, Transportation Science 44 (2010) 442–454

[Kop13] Kopfer, H.W.; Kopfer, H.: Emissions Minimization Vehicle Routing Problem in Dependence of Different Vehicle Classes, in: Kreowski, H.-J.; Scholz-Reiter, B.; Thoben, K.-D. (Eds.): Dynamics in Logistics, Springer 2013, S. 49–58

[Kop14] Kopfer, H.W.; Schönberger, J.; Kopfer, H.: Reducing greenhouse gas emissions of a heterogeneous vehicle fleet. FSM 26 (2014), 221–248

[Kra09] Krajewska, M.; Kopfer, H.: Transportation planning in freight forwarding companies - Tabu Search algorithm for the integrated operational transportation planning problem. EJOR 197 (2009) 741–751

[Kub93] Kuby, M.J.; Gray, R.G.: The hub network design problem with stopover feeders: The case of Federal Express. Transp. Research A 27 (1993) 1–12

[Kyt07] Kytöjoki, J.; Nuortio, T.; Bräysy, O.; Gendreau, M.: An efficient variable neighborhood search heuristic for very large scale vehicle routing problems. C & OR 34 (2007) 2743–2757

[Li05] Li, F.; Golden, B.; Wasil, E.: Very large-scale vehicle routing: new test problems, algorithms, and results. C & OR 32 (2005) 1165–1179

[Li07a] Li, F.; Golden, B.; Wasil, E.: The open vehicle routing problem: Algorithms, large-scale test problems, and computational results. C & OR 34 (2007) 2918–2930

[Li07b] Li, F.; Golden, B.; Wasil, E.: A record-to-record travel algorithm for solving the heterogeneous fleet vehicle routing problem. C & OR 34 (2007) 2734–2742

[Liu99] Liu, F.-H.F.; Shen, S.Y.: A route-neighborhood-based metaheuristic for vehicle routing problem with time windows. EJOR 118 (1999) 485–504

[Lus06] Lu, Q.; Dessouky, M.M.: A new insertion-based construction heuristic for solving the pickup and delivery problem with time windows. EJOR 175 (2006) 672–687

[Man10] Maniezzo, V.; Stützle, T.; Voß, S. (Eds.): Matheuristics, Springer 2010

[Mes05] Mester, D.; Bräysy, O.: Active guided evolution strategies for large-scale vehicle routing problems with time windows. C & OR 32 (2005) 1593–1614

[Par89] Paraschis I.: Optimale Gestaltung von Mehrprodukt-Distributionssystemen: Modelle – Methode – Anwendungen. Heidelberg: Physica 1989

[Pis07]   Pisinger, D.; Ropke, S.: A general heuristic for vehicle routing problems. C & OR 34
           (2007) 2403–2435
[Pot06]   Potvin, J.-Y.; Xu, Y.; Benyahia, I.: Vehicle routing and scheduling with dynamic travel
           times. C & OR 33 (2006) 1129–1137
[Pot09]   Potvin, J.-Y.: State of the art review: Evolutionary algorithms for vehicle routing.
           INFORMS Journal on Computing 21 (2009) 518–548
[Pro14]   http://www.prologos.de vom 06.02.2014
[Rei04]   Reimann, M.; Doerner, K.; Hartl, R.F.: D-ants: savings based ants divide and conquer for
           the vehicle routing problem. C & OR 31 (2004) 563–591
[Rop06]   Ropke, S.; Pisinger, D.: An adaptive large neighborhood search heuristic for the pickup
           and delivery problem with time windows. Transport Science 40 (2006) 445–472
[Sch06]   Scheuerer, S.: A tabu search heuristic for thetruck and trailer routing problem. C & OR
           33 (2006) 894–909
[Scho11]   Schorpp, S.: Dynamic Fleet Management for International Truck Transportation. Wies-
           baden: Gabler 2011
[Stu98]   Stumpf, P.: Tourenplanung in speditionellen Güterverkehrsnetzen. Nürnberg: GVB,
           Schriftenreihe Band 39, 1998
[Tot02]   Toth, P.; Vigo, D. (Hrsg.): The Vehicle Routing Problem. SIAM: Philadelphia 2002
[Wie08]   Wieberneit, N.: Service Network Design for Freight Transportation – OR Spectrum 30
           (2008) 77-112
[Wlc98]   Wlcek, H.: Gestaltung der Güterverkehrsnetze von Sammelgutspeditionen. Nürnberg:
           GVB, Schriftenreihe Band 37, 1998
[Yan99]   Yan, S.; Luo, S.-C.: Probabilistic local search algorithms for concave cost transportation
           network problems. EJOR 117 (1999) 511–521
[Yan05]   Yan, S.; Juang, D.-S.; Chen, C.-R.; Lai, W.-S.: Global and Local Search Algorithms for
           Concave Cost Transhipment Problems. J. of Global Optimization 33 (2005) 123–156

Paletten- und Containerbeladung

4

Gerhard Wäscher

4.1 Einführung

Ladungsträger wie Paletten und Container dienen der Zusammenfassung von Transport- und Lagergütern (Logistikgütern) zu größeren logistischen Einheiten. Sie ermöglichen nicht nur die gemeinsame Behandlung mehrerer Güter in logistischen Prozessen, sondern bereiten auch – bei der Verwendung einheitlicher Ladungsträger und modulartig aufgebauter Ladungsträgersysteme – den Weg für eine Standardisierung und Automatisierung logistischer Prozesse. Damit tragen sie in erheblichem Maße zu einer Reduktion der Logistikkosten und zu einer Verbesserung des Logistikservice bei. Allerdings lassen sich die Kostensenkungs- und Leistungsentwicklungspotenziale nur dann vollständig erschließen, wenn auch die Bildung der einzelnen logistischen Einheiten mit der größtmöglichen Sorgfalt geschieht.

Von den vielfältigen Problemen der Paletten- und Containerbeladung können hier nur einige wenige besprochen werden. Kap. 1 ist ihrer gemeinsamen, allgemeinen Grundstruktur gewidmet. Außerdem werden die wichtigsten Problemtypen vorgestellt. Kap. 2 befasst sich zunächst mit dem Grundproblem der Palettenbeladung, bei dem es im Wesentlichen darum geht, auf der durch die Palettenabmessungen definierten Packfläche möglichst viele quaderförmige Packstücke mit identischen Abmessungen unterzubringen. Ergänzende Ausführungen beziehen sich auf die Nutzung des über der Palette aufgespannten Stauraums. Den zentralen Gegenstand von Kap. 3 bildet das entsprechende Grundproblem der Containerbeladung. Dieses beinhaltet die Beladung eines Containers mit einem schwach

G. Wäscher (✉)
Otto-von-Guericke-Universität Magdeburg, Universitätsplatz 2, 39106, Magdeburg, Deutschland
e-mail: gerhard.waescher@ovgu.de

© Springer-Verlag GmbH Deutschland, ein Teil von Springer Nature 2018   99
H. Tempelmeier (Hrsg.), *Planung logistischer Systeme*, Fachwissen Logistik,
https://doi.org/10.1007/978-3-662-57782-0_4

heterogenen Packstückvorrat. Die Arbeit schließt in Kap. 4 mit Bemerkungen über kommerzielle Software zur Paletten- und Containerbeladung und ihrem Einsatz in der Praxis.

4.2   Grundlagen der Paletten- und Containerbeladung

Paletten- und Containerbeladungsprobleme (P & C-Beladungsprobleme) besitzen eine einheitliche Grundstruktur, die sich wie folgt zusammenfassen lässt:

- Es existiert eine Menge von Paletten bzw. Containern (allgemein auch als *Ladungsträger* bezeichnet), die jeweils einen quaderförmigen, nach Breite, Länge und Höhe definierten *Stauraum* bereitstellen (Stauraumangebot).
- Es existiert eine Menge von Stückgütern (im Folgenden auch *Packstücke* genannt) gegebener, unveränderbarer Formen und Abmessungen, mit denen die Paletten bzw. Container beladen werden sollen (Stauraumbedarf).
- Die Beladung soll so erfolgen, dass das Stauraumangebot möglichst gut genutzt wird.
- Gesucht ist ein Plan (Stauplan), der angibt, wie die Packstücke den Ladungsträgern zuzuordnen und innerhalb der Stauräume anzuordnen sind.

Aufbauend auf dieser allgemeinen Grundstruktur können verschiedene Merkmale zur Bildung von speziellen Problemtypen herangezogen werden [Dyc90; Wäs07a]. Nach der Anzahl der Paletten bzw. Container, die das Stauraumangebot ausmachen, lassen sich P & C-Beladungsprobleme mit *einem* Ladungsträger (engl.: single pallet/container loading problems) und solche mit *mehreren* – i. d. R. als identisch unterstellten – Ladungsträgern (engl.: multiple pallet/containerloading problems) unterscheiden. Bei Beladungsproblemen mit einem Ladungsträger reicht die Stauraumkapazität typischerweise nicht aus, den gesamten Packstückvorrat unterzubringen, sodass eine Auswahl hinsichtlich der zu ladenden Packstücke getroffen werden muss. Die Nutzung des Stauraumangebots ist dann optimal, wenn Auswahl und Anordnung der Packstücke so erfolgen, dass möglichst wenig Stauraum des Ladungsträgers ungenutzt bleibt. Stehen dagegen mehrere Ladungsträger zur Verfügung, wird üblicherweise unterstellt, das Stauraumangebot sei ausreichend für die Aufnahme des gesamten Packstückvorrats. Eine optimale Stauraumnutzung liegt dann vor, wenn die Anzahl der zur Unterbringung aller Packstücke benötigten Ladungsträger minimal ist.

Im Hinblick auf die Packstücke kann man Probleme identifizieren, bei denen die Packstücke entweder ausschließlich *regelmäßige* Formen besitzen (Beladung einer Palette mit Paketen oder mit zylinderförmigen Gebilden wie Farb- oder Konservendosen), oder auch *unregelmäßige* Packformen haben (Beladung eines Containers mit Bruchsteinen). Bei den meisten Problemen der Paletten- und Containerbeladung weisen die Packstücke eine einheitliche regelmäßige Form (Quader, Zylinder) auf bzw. die Probleme lassen sich so abgrenzen, dass diese Eigenschaft erfüllt ist. Sind sämtliche Packstückabmessungen identisch, so nennt man das betreffende Beladungsproblem *homogen*, anderenfalls *heterogen*.

Speziell von einem *Beladungsproblem mit schwach heterogenem Packstückvorrat* spricht man, wenn bei einem heterogenen Problem die Packstücke in einige wenige Klassen eingeteilt werden können, innerhalb derer die Abmessungen übereinstimmen. Ist eine solche Einteilung nicht möglich, so liegt ein *Beladungsproblem mit stark heterogenem Packstückvorrat* vor.

Wenn Paletten- und Containerbeladungsprobleme – trotz der gemeinsamen Grundstruktur – in der Literatur voneinander unterschieden und getrennt behandelt werden, so liegt dies daran, dass sich Palettenbeladungsprobleme oft unter Vernachlässigung einer räumlichen Dimension auf zweidimensionale Anordnungsprobleme in der Ebene reduzieren lassen, während bei Containerbeladungsproblemen die vertikale Ausdehnung von Stauraum und Packstücken explizit zu berücksichtigen ist. Die Abstraktion von der dritten räumlichen Dimension ist bei Palettenbeladungsproblemen der Praxis möglich, wenn es sich um einen homogenen oder schwach heterogenen Packstückvorrat handelt. In diesem Fall erfolgt die Beladung der Paletten regelmäßig in Lagen (Abb. 4.1). Jede Lage deckt die Stauraumgrundfläche möglichst vollständig ab und wird durch einen einzigen Packstücktyp gebildet. Sämtliche Packstücke einer Lage weisen die gleiche vertikale Orientierung auf, d. h., alle Packstücke ruhen auf der gleichen Packstückfläche (Bodenfläche, Seitenfläche oder Endfläche). Die Lage erhält damit eine einheitliche Höhe, sodass sich auf ihrer Oberseite eine weitere Lage anordnen lässt. Beim Übereinanderstapeln mehrerer Lagen entsteht ein *Lagenstapel*, der die Packraumhöhe ggf. maximal ausschöpft. Die einzelnen Lagen eines solchen Stapels können dabei identisch sein, sie können aber auch voneinander abweichen, beispielsweise weil sie auf unterschiedlichen Packstückorientierungen beruhen oder weil sie unterschiedliche Packstücktypen enthalten.

Auf Containerbeladungsprobleme der Praxis ist diese Vorgehensweise nicht ohne weiteres übertragbar, da auch bei Beladungsproblemen mit schwach heterogenem Packstückvorrat kaum Lagen gebildet werden können, die den Stauraumboden vollständig abdecken. Verbleibende Flächen sind mit anderen Packstücken zu belegen, sodass die ursprüngliche Anordnungsfläche fortgesetzt in Teilflächen unterschiedlicher Abmessungen fragmentiert wird, die sich zudem noch auf unterschiedlichen Ebenen des Stauraums befinden.

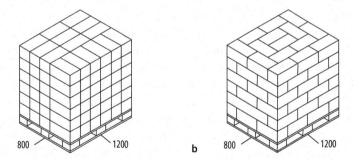

Abb. 4.1 Lagenweise Anordnung von Packstücken auf einer Palette. (**a**) Turmstapelung; (**b**) Verbundstapelung

Die geschilderten Problemeigenschaften prägen die *Lösungsverfahren*, die für Paletten- und Containerbeladungsprobleme zur Verfügung stehen, auf unterschiedliche Weise. Im Folgenden werden die Grundzüge der Verfahren vor dem Hintergrund des jeweiligen Standardproblems dargestellt.

4.3   Palettenbeladung

4.3.1   Homogenes, zweidimensionales Packproblem (Standardproblem)

4.3.1.1 Problemformulierung

Die formale Struktur des Standardproblems der Palettenbeladung lässt sich wie folgt charakterisieren: Auf einem „großen" Rechteck der Breite B und der Länge L ($B \leq L$) sind möglichst viele „kleine" Rechtecke der Breite b und der Länge l ($b \leq l$) anzuordnen, und zwar so, dass (i) alle kleinen Rechtecke innerhalb des großen Rechtecks liegen und (ii) sich die kleinen Rechtecke nicht (auch nicht teilweise) überdecken. Gesucht ist die Anzahl der kleinen Rechtecke, die unter Beachtung dieser Bedingungen maximal auf dem großen Rechteck untergebracht werden können, sowie eine Vorschrift, die angibt, wie die kleinen Rechtecke zu positionieren sind. Dieses Problem bezeichnet man als *homogenes, zweidimensionales Packproblem* (H2DPP). Jede konkrete Ausprägungen des H2DPP lässt sich vollständig durch das Tupel $P = (B, L, b, l)$ beschreiben.

Für das große Rechteck, das die Palettenfläche bzw. die Stauraumgrundfläche repräsentiert, wird im Folgenden der Begriff *Packfläche* verwendet. Die kleinen Rechtecke werden zur Vereinfachung des Sprachgebrauchs kurz *Packstücke* genannt, obwohl sie strenggenommen den Grundflächen der Packstücke entsprechen. Jede Positionierungsvorschrift, die über die Lage der Packstücke auf der Packfläche Auskunft gibt und den Bedingungen (i) und (ii) genügt, repräsentiert eine (zulässige) Lösung des Problems. Sie wird im Folgenden auch als (zulässiges) *Packmuster* bezeichnet. Ist die Anzahl der darin angeordneten Packstücke maximal, so heiße das Packmuster *optimal*. Ohne Einschränkung der Allgemeingültigkeit sei in Bezug auf die Abmessungen der Packfläche und der Packstücke unterstellt, dass $b \leq B$ und $l \leq L$ gilt. Damit ist die Existenz sowohl einer zulässigen als auch einer optimalen Lösung gesichert.

Die folgende Darstellung beschränkt sich auf Packmuster, bei denen sämtliche Packstücke so angeordnet sind, dass ihre Kanten parallel zu den Packflächenkanten verlaufen. Derartige Packmuster bezeichnet man als *orthogonal*. Wenn ein Packstück mit der längeren Seite parallel zur längeren Seite der Packfläche platziert wird, sei die Anordnung *längsorientiert* genannt. Wird die Seite der geringeren Ausdehnung parallel zur längeren Seite der Packfläche ausgelegt, liege eine *querorientierte* Anordnung vor.

Zwar besteht grundsätzlich die Möglichkeit, dass bei gewissen Ausprägungen des H2DPP nichtorthogonale Packmuster eine bessere Nutzung der Packfläche erlauben (für ein Beispiel s. [Ise87: 239]). Nichtorthogonale Packmuster werden trotzdem nicht weiter berücksichtigt, zum einen, weil Problemausprägungen, bei denen das vorkommen kann, selten sind, zum anderen, weil nichtorthogonale Packmuster für die Praxis der

Palettenbeladung kaum Bedeutung haben. Sie sind vergleichsweise schlecht zu packen und beinhalten ein erhöhtes Risiko zur Beschädigung der Packstücke beim Transport und beim Umschlag.

4.3.1.2 Basisanordnungen und effiziente Packflächenabmessungen

Es sei zunächst angemerkt, dass es zur vollständigen Beschreibung der Lage eines Packstücks auf der Packfläche ausreicht, die Lage einer Ecke des Packstücks sowie dessen Orientierung anzugeben. Im Folgenden wird in diesem Zusammenhang stets auf den Punkt (i, j) Bezug genommen, der – bei einer gegebenen Orientierung – von der linken unteren Ecke der Packfläche eingenommen wird. Dieser Punkt sei durch seine Breitenkoordinate i und seine Längenkoordinate j (i, j ganzzahlig) charakterisiert, wobei der Koordinatenursprung $(0,0)$ in der linken unteren Ecke der Packfläche liege. Man sagt auch, ein Packstück sei im Punkt (i, j) (längsorientiert oder querorientiert) angeordnet. Aus dieser Information lassen sich die Koordinaten der Punkte, die von den übrigen Ecken der Packstückgrundfläche belegt werden, unmittelbar ableiten.

Zur Bestimmung eines optimalen (orthogonalen) Packmusters für ein H2DPP kann man sich auf die Betrachtung der sog. *Basisanordnungen* [Dow84; Ise98] beschränken. Bei ihnen ist zunächst ein Packstück im Koordinatenursprung $(0,0)$ angeordnet. Alle übrigen Packstücke befinden sich in solchen Positionen, aus denen sich kein Packstück weiter nach links oder weiter nach unten verschieben lässt. Die Punkte (i, j), die bei Zugrundelegung derartiger Basisanordnungen überhaupt für eine Anordnung der Packstücke in Betracht kommen, seien als *Anordnungspunkte* bezeichnet. Für ein H2DPP der Ausprägung (B, L, b, l) sind die Menge K_B der Breitenkoordinaten und die Menge K_L der Längenkoordinaten der Anordnungspunkte durch alle innerhalb der Breite B bzw. Länge L der Packfläche zulässigen Summen von ganzzahligen Vielfachen der Packstückbreite b und der Packstücklänge l gegeben, d. h.

$$K_B = \left\{ k_B \middle| k_B = pb + ql; k_B \leq B - b; p, q \in N_0 \right\} \tag{4.1}$$

bzw.

$$K_L = \left\{ k_L \middle| k_L = mb + nl; k_L \leq L - b; m, n \in N_0 \right\} \tag{4.2}$$

(N_0 ist die Menge der natürlichen Zahlen einschließlich 0). Daraus bestimmt sich die Menge K der Anordnungspunkte als

$$K = \left\{ (k_B, k_L) \middle| (k_B, k_L) \in K_B \times K_L; k_B \leq B - l \wedge k_L \leq L - 1 \right\}. \tag{4.3}$$

Für die Ausprägung $P = (B = 800, L = 1200, b = 175, l = 325)$ des H2DPP ergeben sich

$K_B = \{ 175, 325, 350, 500, 525 \}$,

$K_L = \{ 175, 325, 350, 500, 525, 650, 675, 700, 825, 850, 875, 975, 1000, 1025 \}$.

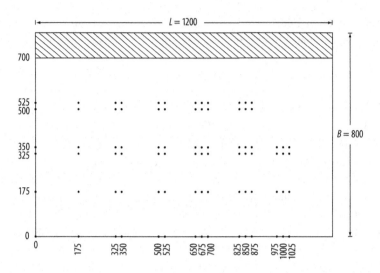

Abb. 4.2 Menge der Anordnungspunkte für die Ausprägung P = (800, 1200, 75, 325) des H2DPP

Die Menge der Anordnungspunkte ist in Abb. 4.2 grafisch dargestellt. Die Punkte (500, 975), (500, 1000), (500, 1025), (525, 975), (525, 1000), (525, 1025) gehören nicht dazu, da sie weder die längsorientierte noch die querorientierte Anordnung einer Packfläche erlauben.

Abb. 4.2 macht auch deutlich, dass die Breite B (bzw. die Länge L) der Packfläche nicht immer vollständig durch Kombinationen der Packstückbreite b und der Packstücklänge l ausgeschöpft werden kann. Die größte Ausnutzung der Breite ergäbe sich, wenn in Punkten mit der Breitenkoordinate $i = 525$ noch eine Längsanordnung von Packstückgrundflächen erfolgte. Dann würde die Breite der Packfläche bis zur Breitenkoordinaten $B' = 525 + 175 = 700$ beansprucht. In Bezug auf die Packflächenlänge L ist dagegen grundsätzlich noch eine volle Nutzung möglich, da die Queranordnung einer Packfläche in einem Punkt mit der Längenkoordinate $j = 1025$ eine Beanspruchung der Packflächenlänge bis zur Längenkoordinaten $L' = 1025 + 175 = 1200$ bewirkt. Allgemein lassen sich die – in dem dargestellten Sinn – maximal nutzbare Packflächenbreite B' und die maximal nutzbare Packflächenlänge L' wie folgt aus den Daten (B, L, b, l) des H2DPP ermitteln:

$$B' = \max\left(k_B \,\middle|\, k_B = pb + ql; k_B \leq B; p,q \in N_0\right) \tag{4.4}$$

$$L' = \max\left(k_L \,\middle|\, k_L = mb + nl; k_L \leq L; m,n \in N_0\right). \tag{4.5}$$

$B' \times L'$ bezeichnet man auch als die in Bezug auf (B, L, b, l) *effizienten Packflächenabmessungen*. Sie betragen bei dem betrachteten Beispiel 700 mm × 1200 mm. In Abb. 4.2 ist der Bereich schraffiert dargestellt, der – bei Verwendung von Basisanordnungen – nicht von Packstücken belegt werden kann. Die beiden Ausprägungen (B, L, b, l) und B', L', b, l eines H2DPP sind äquivalent, d. h., die Anzahl der Packstückgrundflächen $b \times l$, die man maximal auf einer Packfläche mit den Abmessungen $B \times L$ unterbringen kann, ist identisch mit derjenigen, die man maximal auf einer Packfläche mit den zugehörigen effizienten Abmessungen $B' \times L'$ anordnen kann. Jedes für B', L', b, l optimale Packmuster ist auch für (B, L, b, l) optimal, sodass man bei der Lösung eines H2DPP anstelle der ursprünglichen Daten (B, L, b, l) auch die Daten des äquivalenten Ersatzproblems B', L', b, l mit den zugehörigen effizienten Packflächenabmessungen $B' \times L'$ zugrunde legen kann.

Mit ähnlichen Überlegungen lassen sich Anordnungspunkte als *redundant* identifizieren und damit aus der Menge K eliminieren. Für jeden Anordnungspunkt der betrachteten Ausprägung (800, 1200, 175, 325) des H2DPP (Abb. 4.2) mit der Längenkoordinaten $j = 650$ gilt etwa, dass von den verbleibenden (1200 – 650 =) 550 Längeneinheiten der (effizienten) Packflächenlänge maximal noch 525 Längeneinheiten genutzt werden können (dies entspricht dem größten Element aus K_L, das kleiner oder gleich 550 ist). Zu jeder Anordnung in einem Punkt $(i, j = 650)$ lässt sich deshalb eine Anordnung im Punkt $(i, j = 675)$ angeben, der die Anordnung einer gleich großen Anzahl von Packstücken auf der Packfläche erlaubt. Alle Anordnungspunkte $(i, j = 650)$ sind dementsprechend redundant und können aus K_L eliminiert werden. Entsprechendes gilt (bei der betrachteten Problemausprägung) für Anordnungspunkte mit $i = 325, 500$ und $j = 825, 975, 1000$. Von den ursprünglich 84 Anordnungspunkten erweisen sich damit lediglich 43 als nicht redundant. Allgemein sei die Menge der nicht redundanten Anordnungspunkte im Folgenden mit K^{NR} $(K^{NR} \subseteq K)$ bezeichnet. (Eine systematische Darstellung der Vorgehensweise zur Identifizierung redundanter Anordnungspunkte findet sich in [Dow84].)

4.3.1.3 Modellierung

Zur Erstellung eines Modells für das H2DPP ordnet man nun jedem (nicht redundanten) Anordnungspunkt (i, j) (maximal) 2 Binärvariablen $x(i,j)$ und $y(i,j)$ zu, die zum Ausdruck bringen sollen, ob in dem betreffenden Punkt ein Packstück längsorientiert oder querorientiert angeordnet werden soll. Insbesondere gelte

$$x(i,j) = \begin{cases} 1, \text{ wenn auf dem Anordnungspunkt}(i,j) \text{ ein} \\ \quad \text{Packstück längsorientiert angeordnet wird,} \\ 0, \text{ sonst} \end{cases} \quad (4.6)$$

für alle $(i,j) \in K^{NR}$ mit $j \leq L - 1$ und

$$
y(i,j) = \begin{cases} 1, & \text{wenn auf dem Anordnungspunkt}(i,j)\text{ein} \\ & \text{Packstück querorientiert angeordnet wird,} \\ 0, & \text{sonst} \end{cases} \tag{4.7}
$$

für alle $(i,j) \in K^{NR}$ mit $j \leq B-1$.

Da in jedem Anordnungspunkt (i,j) höchstens eine Packstückgrundfläche – unabhängig von ihrer Orientierung – angeordnet werden kann, muss offensichtlich dafür gesorgt werden, dass

$$
x(i,j) + y(i,j) \leq 1 \text{ für alle} (i,j) \in K^{NR} \tag{4.8}
$$

erfüllt ist. Außerdem ist zu gewährleisten, dass die durch das in (i,j) angeordnete Packstück „überdeckten" Anordnungspunkte nicht zur Anordnung weiterer Packstücke gewählt werden. Wird das Packstück in (i,j) längsorientiert angeordnet, so ist die zugehörige Menge der $\bar{K}_x(i,j)$ – neben (i,j) – unzulässigen Anordnungspunkte durch

$$
\bar{K}_x(i,j) = \left\{ (k_B, k_L) \middle| (k_B, k_L) \in K^{NR}, i \leq k_B < i+b, j \leq k_L < j+l \right\} \tag{4.9}
$$

festgelegt. Bei einer querorientierten Anordnung ist die Menge $\bar{K}_y(i,j)$ der unzulässigen Anordnungspunkte entsprechend

$$
\bar{K}_y(i,j) = \left\{ (k_B, k_L) \middle| (k_B, k_L) \in K^{NR}, i \leq k_B < i+l, j \leq k_L < j+b \right\}. \tag{4.10}
$$

Damit lässt sich das binär-lineare Optimierungssystem (4.11) bis (4.15) für das H2DPP formulieren [Ise98: 254–256; Nau95: 124–126]:

Maximiere

$$
PZ = \sum_{\substack{(i,j) \in K^{NR} \\ j \leq L-l}} x(i,j) + \sum_{\substack{(i,j) \in K^{NR} \\ i \leq B-l}} y(i,j). \tag{4.11}
$$

u.B.d.R.

$$
M \cdot x(i,j) + \sum_{(r,s) \in \bar{K}_x(i,j)} x(r,s) + \sum_{(r,s) \in \bar{K}_x(i,j)} y(r,s) + y(i,j) \leq M \quad \text{für} (i,j) \in K^{NR} \text{ mit } j \leq L-l;
$$

$$
\tag{4.12}
$$

$$
x(i,j) + \sum_{(r,s) \in \bar{K}_y(i,j)} x(r,s) + \sum_{(r,s) \in \bar{K}_y(i,j)} y(r,s) + M \cdot y(i,j) \leq M \quad \text{für} (i,j) \in K^{NR} \text{ mit } i \leq B-l;
$$

$$
\tag{4.13}
$$

$$x(i,j) \in \{0,1\} \quad \text{für} (i,j) \in K^{NR} \text{mit } j \le L - l; \qquad (4.14)$$

$$y(i,j) \in \{0,1\} \quad \text{für} (i,j) \in K^{NR} \text{mit } i \le B - l; \qquad (4.15)$$

Im System (4.11) bis (4.15) steht M für eine hinreichend große, positive (ganze) Zahl ($M \ge |K|$). Wird in einer Restriktion von (4.12) der Wert der Variablen $x(i,j)$ auf Eins gesetzt, also auf dem Anordnungspunkt (i,j) ein Packstück längsorientiert angeordnet, kann diese Restriktion nur noch erfüllt sein, wenn sämtliche anderen Variablen $x(r,s)$ und $y(r,s)$, $(r,s) \in \bar{K}_x(i,j)$ sowie $y(i,j)$ jeweils den Wert Null annehmen. Restriktionen des Typs (4.12) sorgen also dafür, dass bei einer längsorientierten Packstückanordnung in (i,j) keiner der dadurch überdeckten unzulässigen Anordnungspunkte $(r,s) \in \bar{K}_x(i,j)$ mehr für eine weitere Anordnung gewählt werden kann. Durch die Addition der Variablen $y(i,j)$ wird außerdem eine querorientierte Anordnung eines Packstücks in (i,j) ausgeschlossen. Damit ist automatisch gewährleistet, dass auch die zugehörige Bedingung (4.8) erfüllt ist, die dementsprechend nicht mehr explizit aufgeführt wird. Die Restriktionen des Typs (4.13) werden in analoger Weise bei einer querorientierten Packstückanordnung in (i,j) wirksam. Die Zielfunktion (4.11) ermittelt die Anzahl (PZ) der angeordneten Packstücke aus der Summe der für eine Anordnung ausgewählten Anordnungspunkte.

Zur Bestimmung einer optimalen Lösung für das Optimierungssystem (4.11) bis (4.15) kann man grundsätzlich auf die allgemeinen Methoden der Ganzzahligen bzw. der Binären Optimierung [Sch94], wie sie z. T. auch in kommerzieller Software verfügbar sind, zurückgreifen. Mit abnehmenden Packstückabmessungen steigt allerdings die Anzahl der Variablen und Restriktionen des Optimierungssystems und mit ihnen auch der Rechenaufwand sehr schnell auf ein prohibitives Niveau, sodass dieser Ansatz nur in Ausnahmefällen und bei vergleichsweise großen Packstückabmessungen erfolgversprechend erscheint. Spezielle exakte Lösungsverfahren, welche die spezielle Struktur des H2DPP berücksichtigen, werden in [Dow85; Dow87; Exe88; Ise87] vorgeschlagen.

4.3.1.4 Heuristische Lösungsverfahren

Für die Praxis der Palettenbeladung kommt den exakten Lösungsansätzen nur eine geringe Bedeutung zu, da mittlerweile heuristische Verfahren existieren, die in den meisten Fällen unmittelbar eine optimale Lösung liefern, und diese – in Verbindung mit geeigneten Verfahren zur Bestimmung oberer Schranken für den Zielwert – auch als optimal identifizieren können (vgl. [Sil14]). Viele der zur Lösung des H2DPP vorgeschlagenen Heuristiken lassen sich als sog. *Blockheuristiken* charakterisieren. Ein Block entsteht dadurch, dass Packstücke in gleicher Orientierung nebeneinander und/oder übereinander zu einem größeren Rechteck zusammengefügt werden. Durch eine (zumindest partielle) Enumeration der auf einer Packfläche möglichen Kombinationen von Blöcken unterschiedlicher Größen versucht man, ein Packmuster, das eine möglichst gute Nutzung der Packfläche erlaubt, zu finden.

Bei der auf Smith/De Cani zurückgehenden *4-Block-Heuristik* [Smi80], anhand derer im Folgenden – stellvertretend für alle Methoden dieser Klasse – die Vorgehensweise der Blockheuristiken dargestellt wird, beginnt man mit der Bildung eines ersten Blocks in der linken unteren Ecke der Packfläche. Die Anordnung der Packstücke erfolge längsorientiert. Der Block bestehe aus m übereinander und n nebeneinander angeordneten Packstücken; er bildet damit eine rechteckige Grundfläche mit den Abmessungen $(m \cdot b) \times (n \cdot l)$. Ein zweiter Block wird dann – beginnend in der rechten unteren Packflächenecke – auf der verbleibenden Packflächenlänge $L - n \cdot l$ aufgebaut, wobei die Packstücke nun quer ausgerichtet sind. Die Längenausdehnung des Blocks bestimmt sich aus den maximal in dieser Ausrichtung unterzubringenden Packstücken. Diese beträgt $\lfloor (L - n \cdot l) / b \rfloor$. (Dabei ist $\lfloor z \rfloor$ die größte ganze Zahl kleiner oder gleich z.) Die Breitenausdehnung des zweiten Blocks wird durch die Anzahl p der querorientiert übereinander angeordneten Packstücke festgelegt. Auf der verbleibenden Breite $B - p \cdot l$ der Packfläche wird dann – ausgehend von der rechten oberen Packflächenecke – nach dem gleichen Prinzip wieder ein aus längsorientiert angeordneten Packstücken bestehender dritter Block konstruiert. Dessen Breitenausdehnung wird durch $\lfloor (B - p \cdot l) / b \rfloor$ Packstücke festgelegt, seine Längenausdehnung sei durch q Packstücke bestimmt. Der ausgehend von der linken oberen Packflächenecke zu bildende vierte Block enthält wiederum Packstücke in Queranordnung. Seine Längenausdehnung wird durch $\lfloor (L - q \cdot l) / b \rfloor$ und seine Breitenausdehnung durch $\lfloor (B - m \cdot b) / l \rfloor$ Packstücke gebildet. Insgesamt umfasst eine derartig konstruierte Anordnung damit

$$PZ = m \cdot n + \left\lfloor \frac{(L - n \cdot l)}{b} \right\rfloor \cdot p + \left\lfloor \frac{(B - p \cdot l)}{b} \right\rfloor \cdot q + \left\lfloor \frac{(L - q \cdot l)}{b} \right\rfloor \cdot \left\lfloor \frac{(B - m \cdot b)}{l} \right\rfloor \tag{4.16}$$

Packstücke. Bei gegebenen Packstück- und Packflächenabmessungen hängt die Packstückanzahl PZ damit nur noch von den (ganzzahligen) Parametern m, n, p und q ab. Im Rahmen der 4-Block-Heuristik werden alle zulässigen (d. h. die Packflächenabmessungen einhaltenden und nicht zu überlappenden Anordnungen von Packstücken führenden) Parameterkombinationen enumeriert und die Anordnung mit der größten Packstückanzahl als Lösungsvorschlag ausgegeben. Abb. 4.3 zeigt ein Packmuster, das mit Hilfe der 4-Block-Heuristik für die Ausprägung $P = (800, 1200, 175, 325)$ des H2DPP generiert wurde. Es enthält 14 angeordnete Packstücke. Die Lösung ist optimal, wie ein Vergleich mit der – auf die effizienten Packflächenabmessungen bezogenen – *Flächenschranke* für den Zielwert zeigt und die sich hier wie folgt bestimmt:

$$\lfloor (B' \cdot L') / (b \cdot l) \rfloor = \lfloor (700 \cdot 1200) / (175 \cdot 25) \rfloor = \lfloor 14,76... \rfloor = 14$$

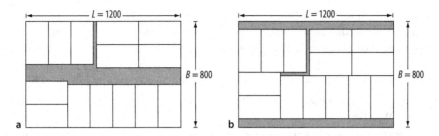

Abb. 4.3 Mit einer 4-Block-Heuristik für die Ausprägung P = (800, 1200, 175, 325) des H2DPP erzeugte Packstückanordnung. (**a**) Ausgabe durch den Algorithmus; (**b**) Stauplan nach Aufbereitung

Die Parameter *m, n, p* und *q* nehmen im Verfahrensablauf u. a. den Wert Null an, sodass auch Packmuster mit degenerierten, lediglich aus 3 Blöcken, 2 Blöcken oder sogar nur aus 1 Block bestehenden Blockstrukturen erzeugt werden. Die Anwendung der 4-Block-Heuristik schließt folglich die Anwendung der entsprechenden 3-, 2- und 1-Block-Heuristiken mit ein.

Bei Anwendung der 4-Block-Heuristik kann man beobachten, dass gelegentlich Packmuster generiert werden, die jeweils in der Mitte zwischen den Blöcken eine große unbelegte Freifläche haben. Auf Bischoff/Dowsland geht die Idee zurück, diese Freifläche durch einen weiteren, möglichst großen Block (mit längsorientiert oder querorientiert angeordneten Packstücken) zu belegen [Bis82]. Damit wird die 4-Block-Heuristik zu einer 5-Block-Heuristik erweitert. Offensichtlich lässt sich die Belegung der Freifläche auch wieder mit Hilfe der 4-Block-Heuristik ermitteln, die man auf das größte, innerhalb der Freifläche konstruierbare Rechteck als Packfläche anwendet. Das so modifizierte Verfahren wäre als 8-Block-Heuristik zu charakterisieren.

Keine dieser Vorgehensweisen garantiert, dass tatsächlich auch eine optimale Lösung gefunden wird. Tendenziell lässt sich aber sagen, dass Heuristiken, die mit einer größeren Anzahl von Blöcken operieren, auch eine höhere Lösungsqualität aufweisen. (Für eine detaillierte Darstellung und eine eingehende Analyse dieser und anderer heuristischer Verfahren s. [Exe88; Nau95; Nel95]). Besonders bemerkenswert ist in diesem Zusammenhang ein Verfahren von Morabito/Morales, das eine Verfeinerung der 5-Block-Heuristik von Bischoff/Dowsland darstellt [Mor98]. Mit diesem Verfahren gelingt es den Autoren, mit vergleichsweise geringem zeitlichen Rechenaufwand von 20000 realitätsnahen Testproblemen bis auf 18 alle optimal zu lösen.

4.3.2 Sensitivitätsanalysen

Als Daten des H2DPP werden die Packflächen- (Paletten-) Abmessungen und Packstückabmessungen als gegeben unterstellt. Die Palettenabmessungen dürften in der Praxis durchaus als weitestgehend unveränderlich anzusehen sein. Verwendet werden hier v. a. Paletten mit standardisierten Abmessungen wie die Europäische Pool-Palette (Euro-Palette) mit den Abmessungen 1200 mm × 800 mm oder die UK-Palette mit den Abmessungen 1200 mm × 1000 mm. Unter gewissen Bedingungen mag ein Überhang der Packstücke über die Palettenränder hinaus erlaubt sein, der dann im Wege von Alternativrechnungen auf der Grundlage des maximalen Überhangs leicht berücksichtigt werden kann (vgl. [Wäs07b]).

Einen größeren Entscheidungsspielraum besitzt die Unternehmung dagegen bei der Gestaltung der Packstückformen und -abmessungen. Geringe Veränderungen können hier große Einsparungen bei den Logistikkosten bedeuten. So gilt allgemein, dass quaderförmige Packstücke eine bessere Nutzung von Packflächen erlauben als zylinderförmige. Bei quaderförmigen Packstücken lassen sich durch geringfügige Variationen der Packstückabmessungen oft erheblich mehr Packstücke auf der Packfläche unterbringen. Ob und ggf. bei welchen Packstückabmessungen derartige Wirkungen eintreten, lässt sich grundsätzlich analytisch bestimmen (vgl. [Dow84; Dow91]; weitergehende Überlegungen zur Sensitivitätsanalyse finden sich in [Bis97]). Zur Beurteilung von Variationen der Packstückabmessungen sind in der Praxis – z. T. fehlerbehaftete – *Palettierkataloge* gebräuchlich, die unter Zugrundelegung einer bestimmten Palettenabmessung für unterschiedliche Abmessungskombinationen der Packstücke die jeweils maximale Anzahl der auf der Packfläche unterzubringenden Packstücke ausweist.

4.3.3   Stabilität und Höhennutzung

Wenn das Packstück tatsächlich nur auf einer bestimmten Packstückfläche ruhen bzw. wenn es lediglich mit einer bestimmten vertikalen Orientierung auf der Palette angeordnet werden darf, erreicht man eine maximale Nutzung des über der Palette aufgespannten Stauraums, indem man Lagen mit jeweils einer maximalen Anzahl von Packstücken bis zur maximalen Packhöhe/Stauraumhöhe H übereinander anordnet. Wird dabei für jede Lage dasselbe Packmuster verwendet, so spricht man von einer *Turmstapelung* (Abb. 4.1a). Derartige Stapelpläne erweisen sich als nicht sehr stabil und es besteht die Gefahr, dass die Palettenladung beim Transport oder Umschlag auseinanderfällt. Dem kann man grundsätzlich durch geeignete Ladungssicherungsmaßnahmen (Umhüllung mit Schrumpffolie, Umreifung usw.) vorbeugen. Allerdings strebt man in der Praxis normalerweise von vornherein möglichst stabile Ladungen an, durch die sich aufwendige Sicherungsmaßnahmen vermeiden oder zumindest reduzieren lassen. Insofern werden üblicherweise sog. *Verbundstapelungen* (Abb. 4.1b) bevorzugt, die auf Grund des „mauerwerkartigen Verbunds der Packstücke" [Ise98: 249] einen stärkeren Zusammenhalt der Palettenladung gewährleisten.

Ausgehend von einem vorliegenden Packmuster (Basismuster), lassen sich weitere im Hinblick auf eine Verbundstapelung verwendbare Packmustervarianten mit einer gleich großen Anzahl von Packstücken erzeugen, indem man eine Drehung des Packmusters um 180 Grad, eine Spiegelung an der L-Seite oder eine Spiegelung an der B-Seite vornimmt [Car85: 491]. Zur Herstellung einer Verbundstapelung bildet man dann abwechselnd Lagen gemäß dem originalen Packmuster und dieser Packmustervarianten (*alternierende Lagenstapelung*).

Sofern sich das Packstück dagegen mit mehr als einer vertikalen Orientierung auf der Packfläche anordnen lässt, muss zunächst für jede erlaubte vertikale Orientierung ein H2DPP gelöst werden. Kann das Packstück mit den Abmessungen $b \times l \times h$ etwa auf allen drei Packstückflächen ruhen, sind das die Problemausprägungen $P_1 = (B, L, b, l)$, $P_2 = (B, L, h, l)$ und $P_3 = (B, L, b, h)$. Die Lösung der Probleme liefert eine Lage mit der Höhe h, eine mit der Höhe b und eine mit der Höhe l. Im Hinblick auf eine möglichst gute Nutzung der Stauraumhöhe sind diese unterschiedlich hohen und unterschiedliche Packstückmengen enthaltenden Lagen (*Lagentypen*) in geeigneter Weise miteinander zu kombinieren. Diese Aufgabe lässt sich grundsätzlich als ein sog. *Knapsack-* (Rucksack-) *Problem* formulieren (vgl. [Liu97; zum Knapsack-Problem allgemein s. [Kel04]), allerdings wird es normalerweise möglich sein, sämtliche, die maximale Stauraumhöhe H möglichst gut ausschöpfenden Kombinationen von Lagentypen einfach zu enumerieren. In [Liu97] zeigen die Autoren, wie sich – in Erweiterung dieses Ansatzes – ein Lagenstapel mit maximaler Stabilität generieren lässt.

4.3.4 Varianten des Standardproblems

Grundsätzlich kann es auch bei Problemen der Palettenbeladung mit einem schwach heterogenen Packstückvorrat sinnvoll sein, zunächst Lagen zu bilden, die jeweils nur aus einem Packstücktyp mit einheitlicher vertikaler Orientierung bestehen, und diese dann lagenweise – je nach Bedarf – bis zur maximalen Stauraumhöhe übereinander zu stapeln. Schwierigkeiten treten aber dann auf, wenn der Vorrat eines Packstücktyps begrenzt ist (etwa weil der Kunde nur eine bestimmte Menge des betreffenden Gutes abnehmen will), sodass keine vollständigen Lagen gebildet werden können. Für diesen Fall haben Bischoff/Janetz/Ratcliff einen Algorithmus entwickelt, bei dem sukzessiv Blöcke von Packstücken auf der ursprünglichen Packfläche oder auf den Oberflächen bereits angeordneter Blöcke angeordnet werden [Bis95c]. Bischoff/Ratcliff erweiterten das Verfahren für den Fall, dass mehrere Paletten zu beladen sind (engl.: multiple pallet problem) [Bis95b]. Sommerweiß stellt eine Methode vor, die Ladungen mit einer möglichst gleichmäßigen Gewichtsverteilung und einer möglichst großen Stabilität erzeugt [Som96].

Isermann [Ise91] und Correira et al. [Cor00] befassen sich mit dem Problem der Beladung von Paletten mit zylinderförmigen Packstücken. Dabei sind alle Packstücke gleich groß. In [Geo95] und [Hif04] werden auch unterschiedlich große Packstücke betrachtet.

4.4   Containerbeladung

4.4.1   Dreidimensionales Packproblem mit schwach heterogenem Packstückvorrat (Standardproblem)

4.4.1.1 Problemformulierung

Das hier betrachtete Standardproblem der *Containerbeladung* sei wie folgt charakterisiert: In einem „großen" quaderförmigen Objekt (Container) der Breite B, der Länge L und der Höhe H seien „kleine" Objekte (Packstücke) anzuordnen. Die kleinen Objekte lassen sich in n Klassen einteilen, innerhalb derer die Objekte identische Abmessungen aufweisen. Die Anzahl der Packstücke in der Klasse i, $i = 1, \ldots, n$, betrage m_i (dabei sei m_i signifikant größer als 1), die betreffenden Abmessungen seien mit b_i (Breite), l_i (Länge) und h_i (Höhe) vorgegeben. Es wird angestrebt, den Container mit einem möglichst großen Packstückgesamtvolumen zu beladen (was einer Minimierung des ungenutzten, durch die Containerabmessungen definierten Stauraums entspricht). Die Anordnung der Packstücke soll dabei so erfolgen, dass (i)sich alle ausgewählten Packstücke innerhalb des Containers befinden, (ii) sich die Packstücke nicht überlappen und (iii)jedes Packstück vollständig auf dem Containerboden oder auf der Oberfläche anderer Packstücke ruht.

Außerdem seien wieder nur orthogonale Anordnungen zugelassen, d. h. (iv) sämtliche Packstückflächen liegen parallel zu den Containerwänden. Dieses Optimierungsproblem wird auch als *dreidimensionales Packproblem mit schwach heterogenem Packstückvorrat* bezeichnet.

Jede Vorschrift, die über eine geeignete Auswahl der Packstücke und ihre Anordnung im Container Auskunft gibt sowie den Bedingungen (a) bis (d) genügt, sei (zulässiger) *Stauplan* genannt. Ist das Volumen der ausgewählten Packstücke maximal, so heiße der Stauplan *optimal*.

4.4.1.2 Lösungsverfahren

Zwar existiert ein gemischt-ganzzahliges Optimierungssystem zur Modellierung des Containerbeladungsproblems [Che95], die Anwendung exakter Lösungsverfahren der gemischt-ganzzahligen Optimierung hat aber keinerlei praktische Bedeutung. Zur Lösung realer Containerbeladungsprobleme dienen vielmehr ausschließlich heuristische Verfahren. Ihnen ist gemeinsam, dass sie Staupläne sukzessive aufbauen, wobei sie entweder nach dem *Wall-Building Approach*, dem *Column-Building Approach* oder dem *Layer Approach* vorgehen bzw. diese Prinzipien miteinander kombinieren [Dav99: 510f.].

Beim Wall-Building Approach, nach dem sich u. a. die Verfahren von Bischoff/Marriott [Bis90], George/Robinson [Geo80], Gehring/Menschner/Meyer [Geh90] und Pisinger [Pis02] richten, wird vor der hinteren Seitenwand des Containers, d. h. vor der Wand mit den Abmessungen $B \times H$, eine Wand von Packstücken aufgebaut. Diese Wand entspricht einer vertikal angeordneten Lage im Sinne der Palettenbeladung, wobei allerdings unterschiedlich „tiefe" Packstücke ausgewählt werden können. Die Länge des Containers wird gefüllt, indem sukzessive weitere Wände vor den bestehenden errichtet werden. Die

Wände sind grundsätzlich nicht miteinander verbunden und können deshalb – etwa zur Erzielung einer gleichmäßigeren Gewichtsverteilung – nachträglich an anderen Stellen des Containers positioniert werden. Der Column-Building Approach unterscheidet sich vom Wall-Building Approach dadurch, dass man weniger vollständige Wände, sondern vielmehr einzelne, aus übereinandergestapelten Packstücken bestehende Säulen bildet, die dann anschließend auf der Containergrundfläche angeordnet werden [Bis95a: 385].

Heuristische Verfahren, die auf dem Wall-Building Approach und dem Column-Building Approach beruhen, haben sich v. a. bei Containerbeladungsproblemen mit stark heterogenem Packstückvorrat bewährt. Verfahren, die dem Layer Approach folgen, scheinen dagegen für die Lösung von Problemen mit schwach heterogenem Packstückvorrat besser geeignet zu sein. Hierzu gehört etwa das Verfahren von Bischoff/Janetz/Ratcliff [Bis95c], das ursprünglich für die Beladung von Paletten mit heterogenen Packstücken entwickelt worden war, das aber unmittelbar zur Lösung des hier betrachteten Standardproblems der Containerbeladung anwendbar ist. Abb. 4.4 gibt eine Übersicht über den Ablauf des Verfahrens.Bei diesem Verfahren wird der Container quasi vom Boden her sukzessive in (einschichtigen) Lagen beladen. Jede Lage wird dabei im Hinblick auf eine bestimmte

Abb. 4.4 Ablaufschema für das heuristische Verfahren zur Containerbeladung von Bischoff, Janetz und Ratcliff. (Nach [Bis95c: 683])

Packfläche und unter Beachtung des noch vorhandenen Packstückvorrats gebildet. Die Packflächen sind immer rechteckig, die erste Packfläche ist mit der Containergrundfläche identisch (Schritt 2 in Abb. 4.4), neue Packflächen entstehen auf und neben den bereits angeordneten Packstücken. Für eine ausgewählte Packfläche wird eine Lage bestimmt, mit der die Packstückfläche möglichst gut ausgenutzt wird (Schritt 7). Eine solche Lage wird stets nur von einem Packstücktyp oder von 2 Packstücktypen gebildet. Die Anordnung der Packstücke erfolgt in Blockform (im Sinne der Palettenbeladung), und zwar als 1-Block-Anordnung bei Verwendung eines Packstücktyps und als 2-Block-Anordnung bei Verwendung zweier Packstücktypen, wobei jeder Block nur einen Packstücktyp umfasst. Von allen möglichen 1-Block- und 2-Block-Lösungen wird die beste ausgewählt.

Mit der Anordnung der generierten Lage auf der Packfläche sind die darin enthaltenen Packstücke aus der Packstückliste zu entfernen (Schritt 9), die neuen Packflächen in die Packflächenliste aufzunehmen und die aktuelle Packfläche daraus zu streichen (Schritt 10). Abb. 4.5 zeigt, welche neue Packflächen bei einer 1-Block- und einer 2-Block-Lösung entstehen. Bei einer 1-Block-Lösung (Abb. 4.5a) sind das die Fläche (A, B, E, D) auf der Ebene der Packstückoberflächen sowie die Fläche (B, C, F, E) und die Fläche (D, F, I, G) auf der Ebene der Packstückgrundfläche. Bei der 2-Block-Lösung (Abb. 4.5b) ergeben sich als neue Anordnungsflächen (A, B, F, E) und (E, G, K, I) auf der Ebene der Packstückoberflächen und (B, D, H, F), (G, H, L, K) und (I, L, O, M) auf der Ebene der Packstückgrundfläche. Offensichtlich hätten die neuen Anordnungsflächen auch anders festgelegt werden können (z. B. als (B, C, I, H) und (D, E, H, G) im Fall der 1-Block-Lösung). Dabei wären jedoch eher lange, schmale Streifen zustande gekommen, die sich erfahrungsgemäß nur noch schlecht belegen lassen. Derartige Flächen werden deshalb nach Möglichkeit vermieden.

Von den verfügbaren Packflächen wird eine ausgewählt, die sich in der geringsten Höhe über der Containergrundfläche befindet (Schritt 4). Dabei ist zu gewährleisten, dass auf dieser Fläche überhaupt noch ein Packstück angeordnet werden kann (Schritt 6). Neben den Abmessungen der Fläche ist in diesem Zusammenhang auch noch die über der Fläche bis zur Containerdecke verbleibende Entfernung zu berücksichtigen. Das Verfahren endet, wenn keine Packfläche mehr zur Verfügung steht (Schritt 3). Abb. 4.6 zeigt einen mit Hilfe des Verfahrens von Bischoff, Janetz und Ratcliff erzeugten Stauplan.

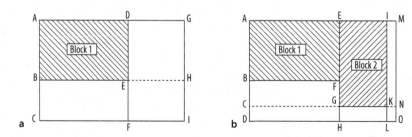

Abb. 4.5 Festlegung der neuen Packfläche nach Anordnung einer. (**a**) 1-Block-Lösung bzw. (**b**) 2-Block-Lösung

Abb. 4.6 Mit dem Verfahren von Bischoff, Janetz und Ratcliff erzeugter Stauplan. [Bis95b: 1325]

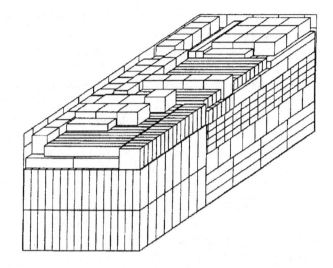

Einen Überblick über den aktuellen Stand der Forschung über Algorithmen zur Containerbeladung geben Zhao et al. [Zha14].

4.4.2 Randbedingungen und Anforderungen der Praxis

Bei der Generierung von Stauplänen für reale Containerbeladungsprobleme ist üblicherweise eine Reihe von Randbedingungen und Anforderungen der Praxis zu beachten. Als besonders wichtige Aspekte gelten [Bor13]:

- *Stabilität der Ladung.* Die Ladung sollte möglichst geringe Möglichkeiten zum Verrutschen bieten, da sonst die Gefahr besteht, dass die Packstücke beim Transport und Umschlag beschädigt werden bzw. das Personal beim Entladen verletzt wird.
- *Gewicht der Ladung.* Das Gesamtgewicht der Ladung darf ggf. eine gewisse Höchstgrenze nicht überschreiten, die sich etwa aus dem zulässigen Gesamtgewicht eines Lkw ergibt.
- *Verteilung des Ladungsgewichts.* Zur Sicherstellung eines reibungslosen Transports und Umschlags sollte das Gewicht im Container möglichst gleichmäßig verteilt sein und der Schwerpunkt möglichst nahe am geometrischen Mittelpunkt des Containerbodens liegen.
- *Packstückorientierung.* Packstücke dürfen z. T. nur in einer bestimmten vertikalen Orientierung angeordnet werden, die im Stauplan unbedingt eingehalten werden muss.
- *Packstückabmessungen und -gewicht.* Im Hinblick auf eine leichte Handhabung kann die Anordnung von großen und schweren Artikeln auf den Containerboden oder auf Packebenen in einer gewissen (geringen) Höhe über dem Containerboden beschränkt sein.

- *Packstückbelastbarkeit.* Packstücke können darüber gestapelte Packstücke nur bis zu einem gewissen, von der Stärke der Verpackung abhängigen Höchstgewicht aufnehmen. Möglicherweise ist eine Überstapelung nicht zulässig.
- *Gruppierung und Vorsortierung von Packstücken.* Artikel, die an dieselben Kunden ausgeliefert werden, sollten im Stauplan bereits entsprechend gruppiert sein. Zur Vermeidung von Umladeprozessen sind die einzelnen Gruppen möglichst in der Reihenfolge des Entladens im Container anzuordnen.
- *Prioritäten.* Packstücke können zu unterschiedlichen Lieferungen gehören, einige mögen eine sehr hohe Priorität haben und müssen deshalb unbedingt gepackt werden, andere lassen sich ggf. noch zurückstellen.

Einige dieser Aspekte werden in den Verfahren zur Containerbeladung unmittelbar berücksichtigt. So sorgt beim Layer Approach der Aufbau des Stauplans vom Containerboden her bereits für eine sehr hohe Ladungsstabilität [Bis95a]. Im Zusammenhang mit dem Wall-Building Approach lässt sich durch Vertauschen der Wandreihenfolgen sowie ggf. durch „Spiegelung" von Wänden eine gleichmäßigere Verteilung des Ladungsgewichts erreichen [Geh97; Dav99]. Im Column-Building Approach lassen sich durch eine entsprechende Anordnung der Säulen auf naheliegende Weise Entladungsreihenfolgen berücksichtigen [Bis95a]. Anderen Aspekten wie der Beschränkung der Packstückbelastbarkeit [Rat98; Bis06] kann man durch einfache Verfahrensmodifikationen gerecht werden. Trotz dieser Möglichkeiten ist aber hinsichtlich der Berücksichtigung der genannten Anforderungen in den Methoden der Containerbeladung noch ein erheblicher Forschungsbedarf festzustellen (vgl dazu im Detail [Bor13]).

4.4.3 Varianten des Standardproblems

Einen Spezialfall des Standardproblems, das Beladen eines Containers mit einem einzigen Packstücktyp, analysiert George [Geo92]. Den Fall des Containerbeladungsproblems mit stark heterogenem Packstückvorrat untersuchen Gehring/Bortfeld [Geh97; Bor01]. Das Problem der Onlinebeladung eines Containers behandeln Hemminki/Leipälä/Nevalainen [Hem98].

Eine Reihe weiterer Arbeiten liegt für das *Multiple-Container-Loading-Problem* vor. Liu/Chen [Liu81], Bortfeldt [Bor00] und Eley [Ele02] beschreiben spezielle Heuristiken. Scheithauer [Sch99] zeigt, wie sich Schranken für die Anzahl der benötigten Container bestimmen lassen.

4.5 Kommerzielle Software zur Paletten- und Containerbeladung

Leistungsfähige, kommerzielle Software-Pakete zur Lösung von Problemen der Paletten- und Containerbeladung sind heute bereits ab etwa € 10 000,– erhältlich. Anwender derartiger Systeme sind in erster Linie Unternehmen des produzierenden Gewerbes, v. a.

Produzenten von Lebensmitteln, Kosmetika, Reinigungsmitteln, Haushaltsartikeln und Pharmazeutika. Kennzeichnend für deren P & C-Beladungsprobleme dürften homogene oder schwach heterogene Packstückvorräte sein. Eine vergleichsweise geringe Verbreitung haben Programme zur Paletten- und Containerbeladung bei Logistikunternehmen (Transporteure, Spediteure, Paketdienste usw.) gefunden. Der Verzicht auf die Nutzung entsprechender Software wird v. a. damit begründet, dass sie den realen Gegebenheiten nicht gerecht würde. Insbesondere wird auf die mangelnde Rentabilität der Software sowie auf Probleme bei Anwendungen in Onlineprozessen und bei der Berücksichtigung unregelmäßiger Packstückformen verwiesen [Kli98: 98–102]. Faktisch scheint in diesen Branchen die geringe Unterstützung der Beladungsplanung durch geeignete Planungssoftware allerdings eher auf eine weitgehende Uninformiertheit der potenziellen Anwender über die Leistungsfähigkeit moderner Programmsysteme zurückzuführen zu sein.

Literatur

[Bis82]   Bischoff EE, Dowsland WB (1982) An application of the micro to product design and distribution. J. of the Operational Res. Soc. 33: 271–280

[Bis90]   Bischoff EE; Marriott MD (1990) A comparative evaluation of heuristics for container loading. Europ. J. of Operational Res. 44: 267–276

[Bis95a] Bischoff EE, Ratcliff MSW (1995) Issues in the development of approaches to container loading. Omega 23: 377–390

[Bis95b] Bischoff EE, Ratcliff MSW (1995) Loading multiple pallets. J. of the Operational Res. Soc. 46: 1322–1336

[Bis95c] Bischoff EE, Janetz F, Ratcliff MSW (1995) Loading pallets with non-identical items. Europ. J. of Operational Res. 84: 681–692

[Bis97]   Bischoff EE (1997) Palletisation efficiency as a criterion for product design. OR Spektrum 19: 139–145

[Bis06]   Bischoff EE (2006) Three-dimensional packing of items with limited load bearing strength. Europ. J. of Operational Res. 168: 952–966

[Bor00]   Bortfeldt, A (2000) Eine Heuristik für Multiple Containerladeprobleme. OR Spektrum 22, 239–261

[Bor01]   Bortfeldt A, Gehring H (2001) A hybrid genetic algorithm for the container loading problem. Europ. J. of Operational Res. 131: 143–161

[Bor13]   Bortfeldt A, Wäscher G (2013) Constraints in container loading - A state-of-the-art review. Europ. J. of Operational Res. 229: 1–20.

[Car85]   Carpenter H, Dowsland WB (1985) Practical considerations of the pallet loading problem. J. of the Operational Res. Soc. 36: 489–497

[Che95]   Chen CS, Lee SM, Shen QS (1985) An analytical model for the container loading problem. Europ. J. of Operational Res. 80: 68–76

[Cor00]   Correia MH, Oliviera JF, Ferreira JS (2000) Cylinder packing by simulated annealing. Pesquisa Operacional 20: 269–286

[Dav99]   Davies AP, Bischoff EE (1999) Weight distribution considerations in container loading. Europ. J. of Operational Res. 114: 509–527

[Dow84]   Dowsland KA (1984) The three-dimensional pallet chart: An analysis of the factors affecting the set of feasible layouts for a class of two-dimensional packing problems. J. of the Operational Res. Soc. 35: 895–905

[Dow85]   Dowsland KA (1985) A graph-theoretic approach to a pallet loading problem. New
           Zealand Operational Res. 13: 77–86
[Dow87]   Dowsland KA (1987) An exact algorithm for the pallet loading problem. Europ. J. of
           Operational Res. 31: 78–84
[Dow91]   Dowsland WB (1991) Sensitivity analysis for pallet loading. OR Spektrum 13: 198–203
[Dyc90]   Dyckhoff H (1990) A typology of cutting and packing problems. Europ. J. of Operatio-
           nal Res. 44: 145–159
[Ele02]   Eley M (2002) Solving container loading problems by block arrangement. Europ. J. of
           Operational Res. 141: 393–409
[Exe88]   Exeler H (1998) Das homogene Packproblem in der betriebswirtschaftlichen Logistik.
           Physica, Heidelberg
[Geh90]   Gehring H, Menschner K, Meyer M (1990) A computer-based heuristic for packing
           pooled shipment containers. Europ. J. of Operational Res. 44: 277–288
[Geh97]   Gehring H, Bortfeldt A (1997) A genetic algorithm for solving the container loading
           problem. Int. Trans. in Operational Res. 4: 401–418
[Geo80]   George JA, Robinson DF (1980) A heuristic for packing boxes into a container. Compu-
           ters and Operations Res. 7: 147–156
[Geo92]   George JA (1992) A method for solving container packing for a single size of box. J. of
           the Operational Res. Soc. 43: 307–312
[Geo95]   George JA, George JM, Lamar, BW (1995) Packing different-sized circles into a rectan-
           gular container. Europ. J. of Operational Res. 84: 693–712
[Hem98]   Hemminki J, Leipälä T, Nevalainen O (1998) Online packing with boxes of different
           sizes. Int. J. of Production Res. 36: 2225– 2245
[Hif04]   Hifi M, M'Hallah R (2004) Approximate algorithms for constrained circular cutting pro-
           blems. Computers & Operational Res. 31: 675–694
[Ise87]   Isermann H (1987) Ein Planungssystem zur Optimierung der Palettenbeladung mit kon-
           gruent rechteckigen Versandgebinden. OR Spektrum 9: 235–249
[Ise91]   Isermann H (1991) Heuristiken zur Lösung des zweidimensionalen Packproblems für
           Rundgefäße. OR Spektrum 13: 213–223
[Ise98]   Isermann H (1998) Stauraumplanung. In: Logistik (Hrsg.: H. Isermann). 2. Aufl.
           moderne industrie, Landsberg a. Lech: 245–286
[Kel04]   Kellerer H, Pferschy U, Pisinger D (2004) Knapsack problems. Springer, Berlin
[Kli98]   Kling K (1998) Computergestützte dreidimensionale Stauraumoptimierung in Theorie
           und Praxis. Dipl.-arb., Lehrgebiet Wirtschaftsinformatik, FB Wirtschaftswissenschaft,
           Fern-Univ. Hagen 1998
[Liu81]   Liu NC, Chen LC (1981) A new algorithm for container loading. 5th Int. Computer Soft-
           ware and Application Conf. of the IEEE: New York: 292–299
[Liu97]   Liu FHF, Hsiao CJ (1997) A three-dimensional pallet loading method for single-size
           boxes. J. of the Operational Res. Soc. 48: 726–735
[Mor98]   Morabito R, Morales S (1998) A simple and effective recursive procedure for the manu-
           facturer's pallet loading problem. J. of the Operational Res. Soc. 49: 819–828
[Nau95]   Naujoks G (1995) Optimale Stauraumnutzung. Dt. Univ.-Verl., Wiesbaden
[Nel95]   Nelißen J (1995) Neue Ansätze zur Lösung des Palettenbeladungsproblems. Shaker,
           Aachen
[Pis02]   Pisinger D (2002) Heuristics for the container loading problem. Europ. J. of Operational
           Res. 141: 382–392
[Rat98]   Ratcliff MSW, Bischoff EE (1998) Allowing for weight considerations in container
           loading. OR Spektrum 20: 65–71
[Sch94]   Schrijver A (1994) Theory of linear and integer programming. Nachdruck der Auflage
           von 1987. Wiley, Chichester (UK)

[Sch99]   Scheithauer G (1999) LP-based bounds for the container and multi-container loading problem. Int. Trans. in Operational Res. 6: 199–213

[Sil14]   Silva E, Oliveira JF, Wäscher G (2014) The Pallet Loading Problem: a review of solution methods and computational experiments. Int. Trans. in Operational Res. In press.

[Smi80]   Smith A, De Cani P (1980): An algorithm to optimize the layout of boxes in pallets. J. of the Operational Res. Soc. 31: 573–578

[Som96]   Sommerweiß U (1996) Modeling of practical requirements of the distributer´s packing problem. In: Operations Res. Proc. 1995 (eds: P. Kleinschmidt et al.). Springer, Berlin: 427–432

[Wäs07a]   Wäscher G, Haußner H, Schumann H (2007) An improved typology of cutting and packing problems. Europ. J. of Operational Res. 183: 1109–1130

[Wäs07b]   Wäscher G (2007): Palettenbeladung in der Praxis - Wie gut sind die realisierten Lösungen? In: Produktions- und Logistikmanagement - Festschrift für Günther Zäpfel (Hrsg.: Corsten, H.; Missbauer, H.). Franz Vahlen GmbH, München: 459–477

[Zha14]   Zhao X, Bennell JA, Bektas T, Dowsland K (2014): A comparative review of 3D container loading algorithms. Int. Trans. in Operational Res,   https://doi.org/10.1111/itor.12094

Stichwortverzeichnis

© Springer-Verlag GmbH Deutschland, ein Teil von Springer Nature 2018
H. Tempelmeier (Hrsg.), *Planung logistischer Systeme*, Fachwissen Logistik,
https://doi.org/10.1007/978-3-662-57782-0